Made in TAIWAN!

當台灣電鍋遇上日本料理家

山田英季／著

簡單、好吃、好玩。
電鍋在手，希望無窮

>> IN TAIWAN
食材的精華緊緊鎖在裡面。
隨時吃得到熱騰騰的料理。

CONTENTS

From TAIWAN

1 大匙調味料就能做
簡單臺灣料理

PART4
料理變得更輕鬆！
電鍋＋配件的應用食譜

column

大家好，我是電鍋！

我來自臺灣，是利用水蒸氣烹調的萬能家電「電鍋」。操作簡單，再加上可愛的外型，讓許多日本人為我深深著迷！

簡歷

名字	大同電鍋
出生年	1960年
出生地	臺灣
強項	將食物燉蒸煮至軟嫩膨潤
弱點	精細的溫控和時間設定

電鍋原來這麼厲害！

1 煮、燉、蒸、加熱等 樣樣都難不倒！

誕生初期是以炊飯器來販售的電鍋，除了煮飯之外，還有燉、蒸、加熱等功能，在各式料理中大展身手！

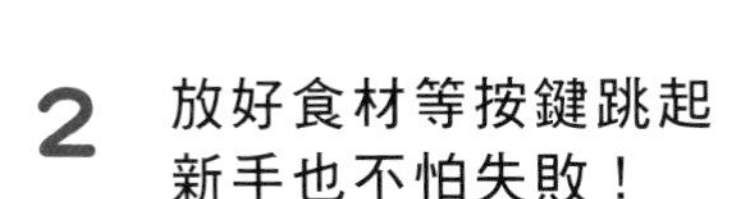

2 放好食材等按鍵跳起 新手也不怕失敗！

放好食材在外鍋加水後，再按下「炊飯」鍵。接下來只要等按鍵跳起。操作簡單，非常適合料理新手和忙碌的人。

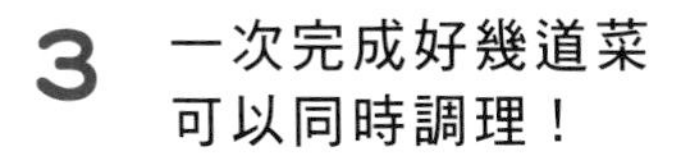

3 一次完成好幾道菜 可以同時調理！

只要能蓋上蓋子，不管要疊幾層都OK。下層燉煮主菜、上層蒸蔬菜等配菜，一次做好幾道菜，省時又省力。

4 料理過程中掀蓋 或切掉按鍵都沒關係！

電鍋和壓力鍋不一樣，烹調途中可以掀蓋看食材的狀況，或是切掉按鍵。不過電鍋內的水蒸氣很燙，掀蓋時小心，不要被燙傷。

電鍋的構造

電鍋自1960年問世以來，幾乎不曾改變過的簡約設計。在此介紹購買電鍋時會附上的基本配件。

外鍋蓋

內鍋蓋

※調理時不會用到。（詳情請參考P.44）

內鍋

蒸盤

附贈品

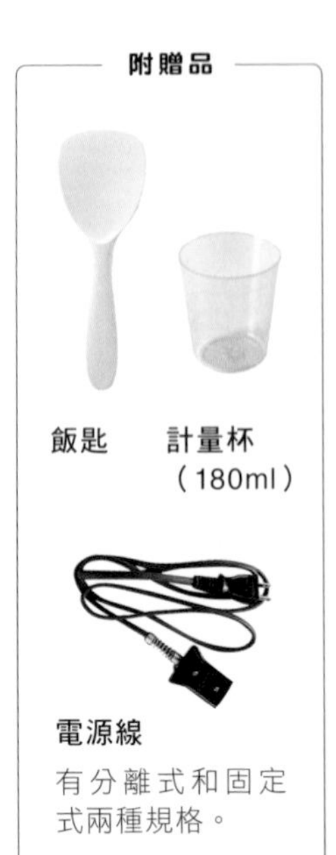

飯匙　計量杯（180ml）

電源線

有分離式和固定式兩種規格。

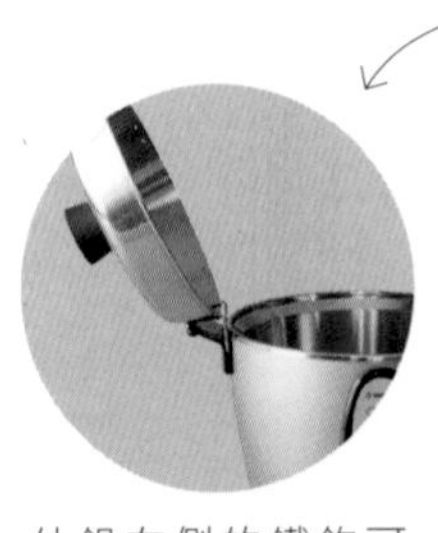

外鍋左側的鐵鉤可以放外鍋蓋，不怕鍋蓋沒地方收納。

只要按下保溫鍵能讓鍋內維持一定的溫度。

外鍋

有輕巧的鋁製和不易生鏽的不鏽鋼製材質。

挑選自己的電鍋

2種尺寸

在臺灣所販售的電鍋常見有2種尺寸。6人份即可煮6杯米，整體直徑31cm、內鍋直徑20cm、高25cm；10人份可煮10杯米，整體直徑35cm、內鍋直徑24cm、高29cm。選購時不僅要考量到料理的分量，還有擺放的位置和調理時會用到的盤子大小。

多款顏色！

除了上述的6種顏色外，還有玫瑰金（P.8電鍋）及限量版花色。白色在日本十分受歡迎，而紅色和綠色則是臺灣的基本配色。除了顏色和尺寸可供選擇外，電源線也可選用是否可分離、外鍋要選鋁製或不鏽鋼製的材質。

備齊方便的工具

準備好電鍋後，有以下的工具，能讓調理更輕鬆多元，也能一口氣拓展料理的幅度！

蒸籠

要蒸料理或同時調理2道以上料理時使用。6人份電鍋選用21cm、10人份電鍋選用27cm的蒸籠便可與外鍋組合。

蒸板

使用小型蒸籠時，只要將蒸板套在外鍋上，就能使用。

烘焙紙

墊在蒸籠內部作蒸籠紙（作法見P.11），或是取代落蓋。

耐熱碗

可取代內鍋。能和蒸籠、竹編盤和耐熱盤同時調理。

竹編盤

重疊在內鍋或耐熱碗的上方，便能以上下層的方式輕鬆同時調理。

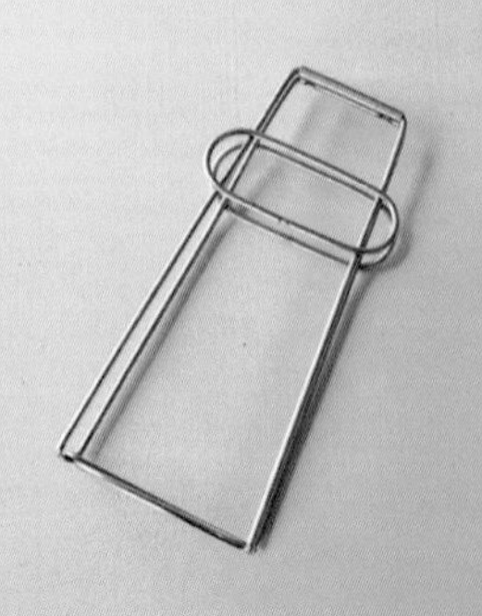

提盤夾

調理後的盤子非常燙，有提盤夾就很方便。使用時要小心盤子滑落。

各大電商及官網也有單賣配件！

不鏽鋼蒸盤

可剛好疊在6人份電鍋的內鍋上，能分成二層調理。

不鏽鋼蒸籠

疊在電鍋上，光蒸籠的部分最多可疊至三層。不鏽鋼製的使用起來很輕便。有6人份及10人份。

不沾鍋內鍋

適合6人份/10人份電鍋的大小。用這個鍋煮飯，特殊塗層讓飯粒不會沾黏。

使用蒸籠時別忘了用蒸籠紙！

蒸籠紙的作法

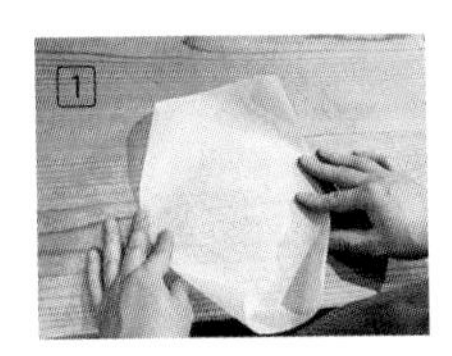

把烘焙紙剪成蒸籠的直徑大小。

摺成對半後，再直向摺對半。

接著，摺成對半後再摺對半。

再重複3的動作往內對摺。

以畫弧線的方式把上方重疊的外側剪掉。

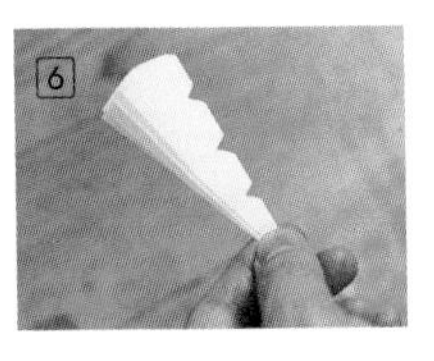

在摺起來的部分等距剪出三個三角形的洞。

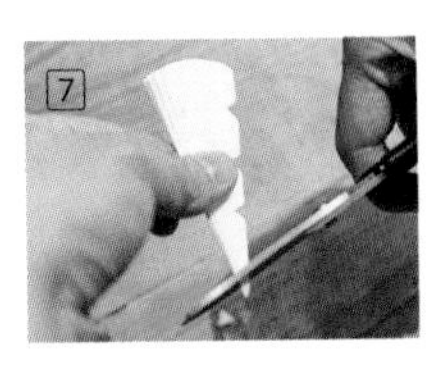

接著，再把尖端剪掉一點點。

攤開來即完成。可當作蒸籠紙或是落蓋！

來用電鍋吧！

HOW TO USE

了解電鍋的基本功能，馬上來實際操作吧！電鍋新手可以先從簡單的蒸食物和熬高湯開始。必能發覺到電鍋的美味魅力！

煮飯

原本就是要研發成炊飯器的電鍋，煮飯根本不成問題。電鍋和一般電子鍋不同，是用蒸氣來炊煮米飯，米粒膨潤飽滿，而且愈嚼愈能吃得出米香。不只能煮白米，做炊飯和糯米飯也很香喔！

材料　3 杯份

米 … 3 杯
水 … 加到內鍋標示 3 的位置

煮法

1. 洗完米瀝掉水分後，把米倒進內鍋裡。再把水加入水位線的位置，浸泡30分鐘。
2. 在外鍋倒入1杯水。把1的內鍋放進去，蓋上外鍋蓋，按下按鍵。
3. 按鍵跳起後再燜10分鐘。

MEMO

燜完10分鐘若一直不開蓋，米飯會變硬且會沾黏到內鍋上。必須馬上進行攪拌再改倒進飯桶內，或是先盛裝要吃的分量後，把剩餘的米飯稍涼後用保鮮膜包好冰冷凍庫。

煮粥

只要調整水量就可以煮粥。用電鍋來煮粥，米粒就跟煮飯煮出來的米粒一樣有紮實的顆粒感。此時再善加利用保溫功能，便能煮出「粒粒分明」或「綿密滑順」，這兩種不同口感的粥。

材料 2 人份

米 … 1/2 杯
水 … 600ml
鹽 … 1/2 小匙

作法

1. 洗完米瀝掉水分後，把米倒進內鍋內。加入水和鹽，輕輕拌勻。
2. 在外鍋倒入 1 杯水。把 1 的內鍋放進去，蓋上外鍋蓋，按下按鍵。
3. 等按鍵跳起後，即完成。

MEMO

如果喜歡吃粒粒分明的粥，建議在按鍵跳起後馬上享用；喜歡吃綿密滑順的粥，建議等按鍵跳起後，按下保溫鍵繼續燜20～30分鐘後再享用。

燉

用電鍋做燉滷料理，不用顧爐火。因為不是以明火烹調，所以不用擔心會燒焦。只要按下保溫鍵，烹調結束後還能保溫。此外，用電鍋煮麥茶也很方便喔！

青木由香風格！ 麥茶食譜

材料 1公升份

市售麥茶包…1包
水…1000ml

作法

1. 在內鍋倒入水和放入麥茶包。
2. 在外鍋倒入1杯水。把1的內鍋放進去，蓋上外鍋蓋，按下按鍵。
3. 等按鍵跳起後，即完成。

MEMO
即使出門前按下按鍵，直到回家前都不把茶包取出，麥茶依舊甘醇不苦澀。

蒸

蒸馬鈴薯

材料

馬鈴薯 … 3個

作法

1. 在外鍋放入蒸盤，再倒入2杯水，備用。
2. 把馬鈴薯放在耐熱盤上，放入電鍋，蓋上外鍋蓋後，再按下按鍵。
3. 等按鍵跳起後，即完成。

蒸是電鍋的拿手強項！除了蒸馬鈴薯，也很推薦蒸玉米和番薯，就連「蒸的水煮蛋」也能輕鬆完成。蛋白軟綿綿的口感，是電鍋才能蒸煮出來的滋味。

蒸蛋（水煮蛋）

材料

蛋…3顆

全熟蛋的作法

1. 在外鍋內放入蒸盤，再倒入1/2 杯水。
2. 將蛋放在耐熱盤上，放入電鍋內，蓋上外鍋蓋按下按鍵。
3. 等按鍵跳起後，燜約3分鐘再把蛋取出泡冷水。

半熟蛋的作法

1. 在外鍋內放入蒸盤，再倒入2杯水。蓋上外鍋蓋按下按鍵，預熱備用。
2. 等冒出水蒸氣後，再把放在耐熱盤的蛋放進電鍋，蓋上外鍋蓋蒸9分鐘，再把蛋取出泡冷水。

加熱

冷凍食品和市售熟菜，只要用電鍋加熱，味道就和新鮮現做的一樣。電鍋是利用蒸氣加熱，與微波爐不同，食物的水分不會流失，能保有濕潤和軟嫩的口感。

⇨

冷凍白飯

把放在耐熱盤的冷凍白飯（拆掉保鮮膜）放在蒸盤上，在外鍋內加水後按下按鍵。加水量以「一碗飯加1/2杯水」為基準值。

⇨

冷凍燒賣

冷凍燒賣不用事先解凍，直接排列在耐熱盤上，再放在蒸盤上，外鍋內加水後按下按鍵。加水量以圖片的燒賣分量為例，加1杯水為基準值，但還是須以實際狀況來補水。

熬高湯

用電鍋熬高湯很特別！只要蓋上外鍋蓋加熱，高湯包能維持在最適當的溫度，便能熬出不苦澀又清澈金黃的高湯。熬好的高湯容易流失香氣，儘量在當天將高湯用完。

高湯

材料　600ml

市售高湯包 … 1 包
水 … 600ml（依高湯包上所標示的量）

作法

1. 在外鍋內倒入1杯水。把水和高湯包加入內鍋內，不蓋外鍋蓋，直接按下按鍵熬煮。
2. 煮好後，再把高湯包取出。

本書使用方法

介紹用電鍋做出美味料理的食譜。

請務必活用在每天的餐桌上！

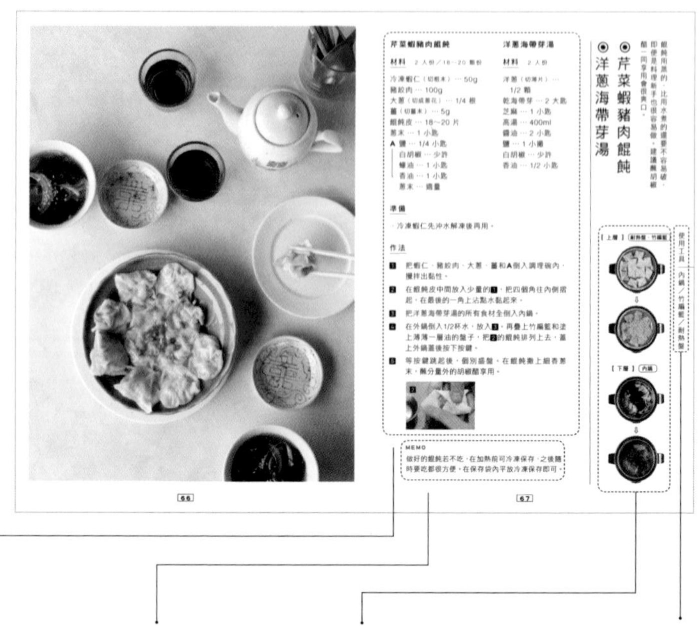

電鍋專用食譜

電鍋利用蒸氣加熱的特性，設計出適合的調味料份量和作法。

※請使用附贈品的計量杯（1杯約180ml）來添加電鍋外鍋內的水。

memo

解說料理重點和推薦吃法。

確認電鍋的Before／After！

可以從圖片來確認電鍋加熱前後的樣子。需要同時調理的食譜，則會各別放上下層的圖片，旁邊也會備註烹調時的使用工具。

烹調時的使用工具

除了外鍋和外鍋蓋之外，使用電鍋調理時會使用的工具都會特別註明。

有關此書的食譜

- 此書使用的電鍋尺寸為6人份。
- 電鍋外鍋內注入的水請以附贈品的計量杯（1杯約180ml）為基準值。加外鍋的水不算在食譜內。
- 內鍋裡的水量越多，烹調時間也會越長。烹調時間會隨著電鍋尺寸和材料的水量不同而有所差異，但以煮飯來說，外鍋放1杯水基本上會煮15～25分鐘。
- 調味料和食材的份量單位，1小匙是5ml；1大匙是15ml；1杯是200ml。
- 蔬菜類基本上都已經過清洗、去皮等事前處理。
- 食譜中的「高湯」和「雞湯」，皆使用市售品。
- 此書所介紹的用法，某部分是源自於受訪者的獨門祕方。

PART 1

肉、魚、菜全丟進去！放進去就好的主菜料理

切好食材、放進電鍋、按下按鍵。等按鍵跳起，美味的料理便完成了。不用顧爐火，可以離開現場，所以能同時進行其他家事或料理，因此，電鍋是忙碌的現代人的最佳小家電。第一章要向各位介紹能輕鬆做出餐桌主菜的食譜，一起期待吧！

蒸韓式豬五花

原本用烤的韓式豬五花，改用蒸的可以逼出更多餘的油脂，讓料理變得更清爽多汁。是道做成宴客料理也很有面子的食譜。

材料　3～4人份

豬五花肉 … 500g
鹽 … 1小匙
黑胡椒 … 少許
薑（切絲）… 5g
喜歡的蔬菜
（萵苣、芝麻葉、白蔥絲等）… 適量

〔包飯醬〕
韓式辣醬 … 1大匙
味噌 … 1大匙
香油 … 1/2小匙

準備

· 用叉子在整條豬五花肉塊上戳出數個洞，抹上鹽、黑胡椒和薑絲。冰冷藏醃1小時左右（醃一晚也OK）。
· 拌勻做包飯醬的食材。

作法

1. 在電鍋的外鍋倒入2杯水。把豬五花肉塊和薑絲放進內鍋，蓋上外鍋蓋，再按下按鍵。
2. 等按鍵跳起後，把豬五花切成0.5cm寬。和蔬菜、包飯醬一同盛盤。

MEMO
跟泡菜一起捲起來吃也很好吃。

檸香雞腿肉

電鍋也能輕鬆做出洋食。鮮甜的肉汁在嘴裡擴散開來，和清香檸檬形成絕佳的風味！

使用工具—內鍋

⇩

材料 2人份

去骨雞腿肉（6等分）… 1片（240g）
舞菇（切成一口大小）… 1包
迷迭香 … 1枝
檸檬（切圓片）… 1/2顆
橄欖油 … 1/2大匙
鹽 … 1/2小匙
黑胡椒 … 少許

準備

· 把雞肉和舞菇放進內鍋，再淋上橄欖油和鹽，稍微抓醃。

作法

1. 在電鍋的外鍋倒入1杯水。把裝有食材的內鍋放進去，擺上檸檬和迷迭香。蓋上外鍋蓋，按下按鍵備用。
2. 等按鍵跳起後盛盤。在料理上均勻淋上分量外的橄欖油（1小匙），撒上黑胡椒調味。

清蒸雞腿佐柚子蘿蔔

雞肉用電鍋蒸，可以保有鬆軟滑嫩的口感。而殘留在內鍋裡的雞汁也很美味，建議可加入隔天的味噌湯裡來提味喔。

使用工具—內鍋

材料 2人份

去骨雞腿肉 … 1片（240g）
大蔥（切成1cm寬的段狀）… 1根
泡菜 … 適量
炒過的芝麻 … 適量
A 鹽 … 1小匙
黑胡椒 … 少許
香油 … 1小匙

〔柚子醋醃白蘿蔔片〕
白蘿蔔（切薄圓片）… 1/5條（150g）
柚子醋 … 3大匙

準備

- 將白蘿蔔片攤開在方盤內，撒上分量外的鹽醃15分鐘以上，再淋上柚子醋醃制約30分鐘左右。
- 把**A**抹在雞腿肉上醃製。

作法

1. 在外鍋裡倒入1杯水。在內鍋裡鋪上大蔥，再疊上雞腿肉，放入電鍋內，蓋上外鍋蓋並按下按鍵。
2. 等按鍵跳起後盛出，把雞腿肉切成一口大小，跟大蔥和泡菜一起盛盤，再撒上芝麻。
3. 可搭配柚子蘿蔔片包起2再享用。

馬鈴薯蔬菜燉肉

作法簡單的馬鈴薯蔬菜燉肉，用電鍋來烹調，美味會更升級。以蒸的方式來烹調，豬肉的口感變得更軟嫩，蔬菜也會變得更清甜。

使用工具—內鍋

材料　2～3 人份

豬肩肉 … 300g
鹽 … 1 小匙
洋蔥（對半切開）… 1 顆
紅蘿蔔（切成大塊的一口大小）… 1 條
馬鈴薯（削皮去芽）… 3～4 顆（小顆洋芋）
月桂葉 … 1 片
顆粒芥末醬 … 適量
A 鹽 … 1 又 1/2 小匙
白胡椒 … 少許
白酒 … 2 大匙
水 … 500ml

準備

· 用叉子在豬肩肉上戳出數個洞，抹鹽後冰冷藏醃1小時左右（醃一晚也 OK）。

作法

1. 在電鍋的外鍋裡倒2杯水。把裝有豬肩肉、洋蔥、紅蘿蔔、馬鈴薯、月桂葉和**A**的內鍋放進電鍋，蓋上外鍋蓋，按下按鍵。
2. 等按鍵跳起後，把豬肩肉切成1cm寬片狀，與其他食材一同盛盤。再佐上顆粒芥末醬。

雞肉火腿佐莎莎醬

濕潤的雞肉火腿料理千變萬化。可切薄片冰冷凍，也可做成涼麵的配料。

使用工具—內鍋／保鮮膜

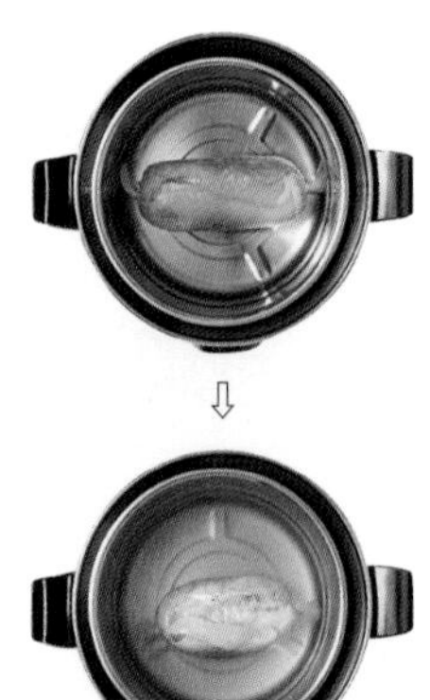

材料　2 人份

雞胸肉 … 1 片（300g）
洋蔥（切絲）… 1/2 顆
A 糖 … 1 小匙
　鹽 … 1 小匙
　肉豆蔻 … 少許（沒有也 OK）

〔莎莎醬〕
小番茄（切圓片）… 8 顆
小黃瓜（切粗末）… 1/4 條
鹽 … 2 小撮
TABASCO 紅椒汁 … 1/4 小匙
檸檬汁 … 1 又 1/2 大匙

準備

· 洋蔥切絲後泡水。
· 去掉雞胸肉的皮，將厚度切成對半變薄。把**A**抹在雞肉上，冰冷藏醃約1小時（醃一晚也 OK）。
· 拌勻做莎莎醬的食材。

作法

1. 把雞胸肉表面的水分擦乾，用保鮮膜包成長條狀，並將兩端束起。
2. 在電鍋的外鍋裡倒1杯水。在內鍋再倒入可蓋過1的水量，蓋上外鍋蓋按下按鍵。
3. 等按鍵跳起後，再按下保溫鍵燜30 分鐘左右。
4. 完成後，打開放涼，冰冷藏冷卻。
5. 在盤子上擺上瀝乾水分的洋蔥和切成薄片的雞肉火腿，再淋上莎莎醬一起食用。

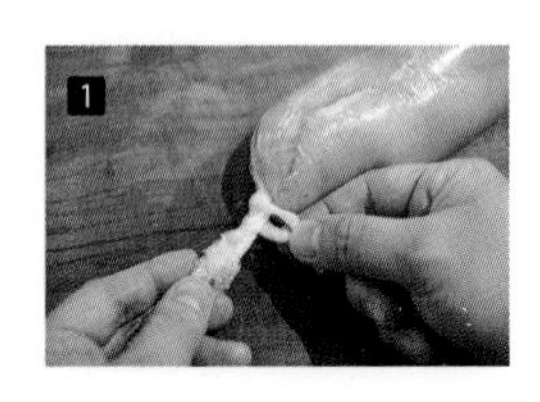

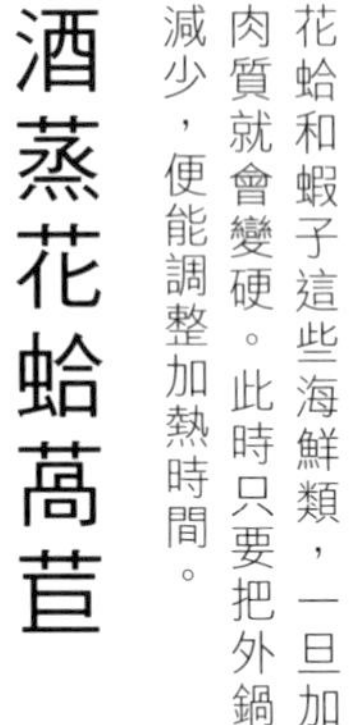

酒蒸花蛤萵苣

花蛤和蝦子這些海鮮類，一旦加熱過度，肉質就會變硬。此時只要把外鍋加的水量減少，便能調整加熱時間。

使用工具——內鍋

⇩

材料　2 人份

花蛤 … 300g
結球萵苣（撕碎）… 1/2 顆
薑（切絲）… 5g
酒 … 3 大匙
鹽 … 2 小撮

準備

- 備一鍋自來水放鹽，放入花蛤吐沙。

作法

1. 在電鍋的外鍋倒入1/2杯水。將萵苣、花蛤、薑絲依序放入內鍋，再撒上鹽淋上酒。輕輕攪拌後放入電鍋，蓋上外鍋蓋，按下按鍵。
2. 等按鍵跳起後，盛盤。

MEMO

可以直接吃就很好吃，但更建議在起鍋前淋上香油或橄欖油更可增添香氣。

蔬菜燉漢堡排

這是一道燉煮料理，但不須守在瓦斯爐旁，很方便。料理添加了奶油，口感變得更加濃郁。是道想配紅酒一同品嘗的料理。

使用工具—內鍋

⇩

材料 2～3 人份

牛豬混合絞肉 … 300g
洋蔥（一半切成碎末、一半切成扇形）… 1 顆
紅蘿蔔（滾刀切）… 1 條
蓮藕（滾刀切）… 1 節
牛蒡（滾刀切）… 1/4 條
奶油 … 15g

A 鹽 … 1/3 小匙
黑胡椒 … 少許
蛋 … 1 顆
麵包粉 … 1/2 杯
牛奶 … 4 大匙

B 切塊番茄罐頭 … 1/2 罐
多蜜醬罐頭 … 1 罐
鹽 … 1/2 小匙

準備

・把切成碎末的洋蔥和奶油（5g）一同倒入耐熱容器內，蓋上保鮮膜，用600W 微波爐加熱6分鐘。

作法

1. 把**A**倒入調理碗內充分拌勻。再加入絞肉和微波加熱過的洋蔥，充分攪拌至產生黏性。分成4等分，用雙手拍出空氣並塑成小橢圓形。
2. 在電鍋的外鍋倒入2杯水。把**B**、紅蘿蔔、蓮藕、牛蒡和切成扇形的洋蔥倒入內鍋，並充分拌勻。
3. 把漢堡排並排在2的上面，放入電鍋內，蓋上外鍋蓋，再按下按鍵。
4. 等按鍵跳起後，倒入剩下的奶油（10g）將整體拌勻，再盛盤。若有起司粉可在最後撒上裝飾。

燉千層高麗菜

很像洋食店裡的菜色，不論是賣相或味道都令人讚不絕口。用電鍋來做這道菜，就算是料理菜鳥也不會失敗。也可加入核桃或葡萄乾來作口感上的變化。

材料　3～4 人份

高麗菜 … 6～8 片
牛豬混合絞肉 … 300g
洋蔥（切碎末）… 1/2 顆
橄欖油 … 1 大匙
切塊番茄罐頭 … 1/2 罐
鹽 … 1/2 小匙
乾羅勒末 … 適量
A 鹽 … 1/3 小匙
黑胡椒 … 少許
蛋 … 1 顆
麵包粉 … 1/2 杯
牛奶 … 4 大匙

準備

· 把洋蔥和橄欖油一同倒入耐熱容器內，蓋上保鮮膜，用600W 微波爐加熱6分鐘。

作法

1. 把 **A** 倒入調理碗內充分拌勻。再加入絞肉和微波加熱過的洋蔥，充分攪拌至產生黏性。
2. 一邊把高麗菜撕碎，一邊放入內鍋排出一個圓，再把1/6 份量的1放上去，均勻攤開。
3. 重複2的步驟把絞肉用完，最後再覆蓋上高麗菜葉，再倒入切塊番茄罐頭和鹽。
4. 在外鍋倒入2杯水，把3放進電鍋內，蓋上外鍋蓋，按下按鍵。
5. 等按鍵跳起後，把料理分切成適口大小，再盛盤，撒上乾羅勒末。

2

使用工具—內鍋

元氣雞湯

不論是夏天暑熱，還是冬天怯寒，只要喝下這道湯就能補足元氣。用電鍋來做，帶骨肉都被燉得十分軟嫩。

使用工具｜內鍋

材料　2 人份

雞翅 … 4 支
雞腿肉（切成四等分）… 1 片
洋蔥（切成 1cm 圓片）… 1/2 顆
薑（切薄片）… 10g
蒜 … 1 瓣
大蔥蔥綠的部分 … 1 根
米 … 2 大匙（30g，用糯米會更香）
昆布 … 1 片
水 … 500ml
鹽 … 1 小匙
黑胡椒粒 … 5 粒

準備

・雞腿肉和雞翅先用滾水汆燙（或以鹽水浸沾），去除表面黏滑和雞腥味。

作法

1. 在電鍋的外鍋倒入2杯水。把所有食材放入內鍋，再蓋上外鍋蓋並按下按鍵。
2. 等按鍵跳起後，盛盤。

牛筋蘿蔔咖哩

想讓咖哩更入味，讓肉吃起來更軟嫩。這時候只要等電鍋的按鍵跳起後，在外鍋再補一杯水，再燉煮一遍就行了。

使用工具－內鍋

材料　2～3 人份

牛筋 … 300g
洋蔥（切成 1cm 塊狀）… 1 顆
紅蘿蔔（切成 1cm 塊狀）… 1 條
白蘿蔔（切成 1cm 塊狀）… 1/5 條
薑（切絲）… 5g
水 … 700ml
醬油 … 1 大匙
糖 … 1 大匙
市售咖哩塊 … 150g
〔最後盛盤〕
咖哩粉 … 1/2 大匙
白飯 … 適量

準備

・牛筋用滾水燙過，去除表面腥味。
・分別將蔬菜切好。

作法

1. 在電鍋的外鍋倒入2杯水。把咖哩塊之外的食材全放進內鍋裡，蓋上外鍋蓋再按下按鍵。
2. 等按鍵跳起後，在外鍋再補1杯水。把咖哩塊放進內鍋裡，蓋上外鍋蓋再按下按鍵。
3. 等按鍵再次跳起時，撒上咖哩粉，充分拌勻。
4. 將咖哩和白飯一同盛盤後，若手邊有漬菜或蕗蕎可配著吃。

MEMO

電鍋無法做到拌炒，但若先把蒜油做好備用，要做出義大利麵或其他洋食的燉煮料理時，直接添加蒜油會很方便。

番茄海鮮螺旋麵

電鍋可以同時煮義大利麵和醬汁。而料理中用到的蒜油可以保存一個月，先做起來備用會非常方便。

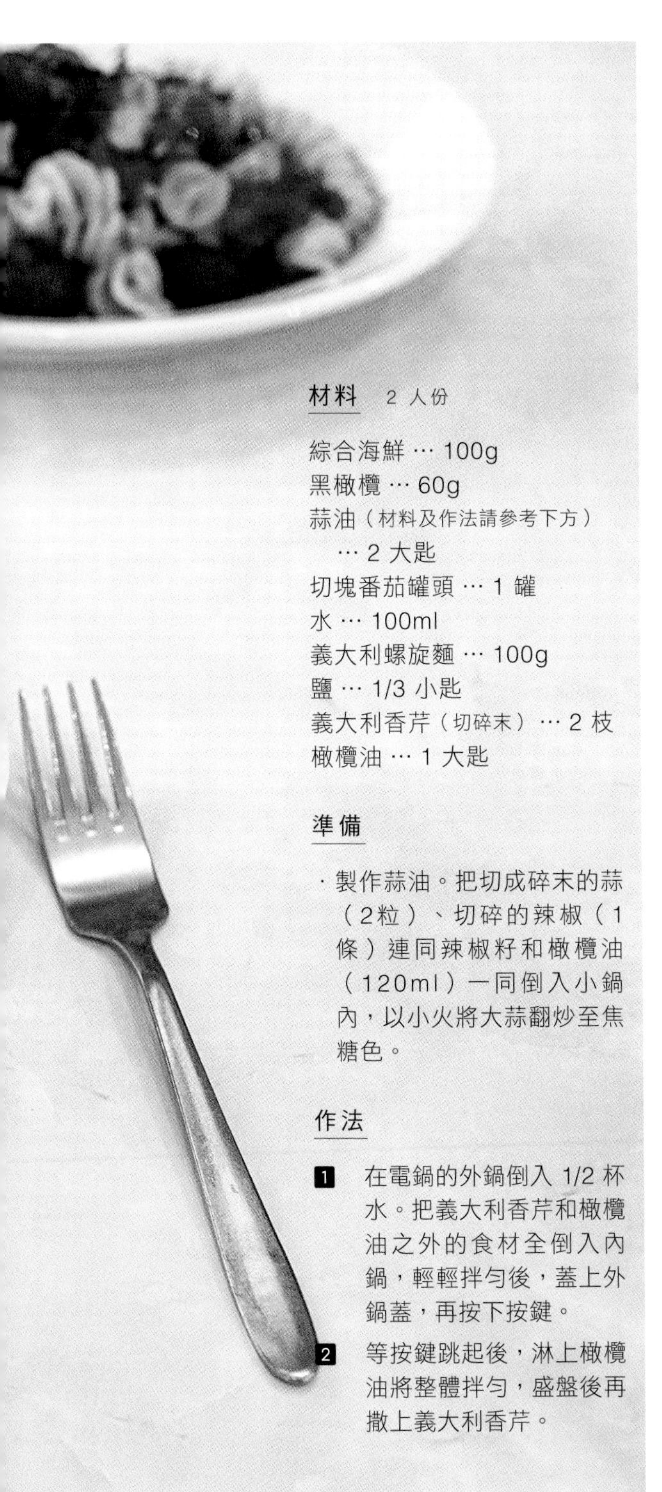

材料　2 人份

綜合海鮮 … 100g
黑橄欖 … 60g
蒜油（材料及作法請參考下方）
　… 2 大匙
切塊番茄罐頭 … 1 罐
水 … 100ml
義大利螺旋麵 … 100g
鹽 … 1/3 小匙
義大利香芹（切碎末）… 2 枝
橄欖油 … 1 大匙

準備

· 製作蒜油。把切成碎末的蒜（2粒）、切碎的辣椒（1條）連同辣椒籽和橄欖油（120ml）一同倒入小鍋內，以小火將大蒜翻炒至焦糖色。

作法

使用工具－內鍋

⇩

1 在電鍋的外鍋倒入 1/2 杯水。把義大利香芹和橄欖油之外的食材全倒入內鍋，輕輕拌勻後，蓋上外鍋蓋，再按下按鍵。

2 等按鍵跳起後，淋上橄欖油將整體拌勻，盛盤後再撒上義大利香芹。

日本大同公司來解答！

解決困惑！電鍋Q&A

初學者必看！
我們向販賣電鍋的大同公司詢問了有關電鍋的各種疑問。
Part1 要來解決有關電鍋保養的問題！

Q　什麼時候會用到內鍋蓋？

A➡要保存料理時才會用到內鍋蓋。等料理放涼後再蓋上內鍋蓋，可直接放冰箱冷藏保存。電鍋的構造是利用水蒸氣在內鍋裡循環加熱，所以在烹調時請不要使用內鍋蓋。

Q　不曉得電鍋的附贈品該怎麼清洗？可以放洗碗機嗎？

A➡外鍋蓋、內鍋蓋、內鍋、蒸盤，和一般碗盤一樣以中性清潔劑清洗即可。也可直接放洗碗機。

Q　電鍋的外鍋能用水洗嗎？

A➡外鍋內側可用中性清潔劑和柔軟的海綿水洗。但要注意外側儘量不要碰到水。也不能使用清潔劑和鋼絲球來刷洗。而外鍋的內側雖然會因為水質或使用頻率產生水垢，但這純屬自然現象。電鍋使用後，用乾布擦乾淨，並隨時保持乾燥狀態即可。

Q　外鍋內部燒焦了！

A➡食材的精華滴到外鍋，是造成內部燒焦的原因。只要將食材放在耐熱器皿或內鍋裡烹調，就能防止食材精華溢出。但在加熱中，食材精華也有可能噴濺出外鍋，只要在烹調過後待電鍋冷卻再清洗外鍋內側即可。

Q　外鍋的內側黑黑的……怎樣才能清潔乾淨？

A➡可以利用以下的方法來清潔。外鍋是鋁製品，用小蘇打清潔會變色，請不要使用。

① 在外鍋倒入七分滿的水，再加入 1 杯（180ml）醋，或是30g食品級檸檬酸。
② 充分拌勻後按下炊飯鍵加熱。
③ 水煮沸後，手動將炊飯鍵關掉，拔掉電源線。
④ 待熱水變溫後，將溫水倒掉。
⑤ 再用乾淨的水沖洗，最後使用柔軟的布擦乾。

日本大同官網

臺灣大同官網

PART 2

還想多加一道菜！

當常備菜也不錯的小菜食譜

配菜也能輕鬆用電鍋做出來。可以利用較有空閒的週末，一次做好大量的配菜，放冰箱常備會很方便。當餐桌上的菜色一成不變時，不妨試試這裡豐富多變的食譜。

韓風蝦仁青花菜蛋沙拉

只要在外鍋加少量的水，便能將青花菜蒸出適合做沙拉的口感。起鍋盛出拌上美乃滋調味就很好吃。

使用工具──蒸盤／耐熱盤

⇩

材料　2 人份

冷凍蝦仁 … 120g
青花菜（切成一口大小）
　… 1/3 朵
蛋 … 2 顆
韓國海苔 … 1 包
鹽 … 1/4 小匙
芝麻 … 適量
香油 … 1 大匙

準備

- 用分量外100ml的水，再加上2小撮的鹽混合成鹽水清洗青花菜。
- 分別用3個耐熱容器裝蝦仁、青花菜和蛋。

作法

1. 在電鍋的外鍋倒入1/2杯水，再放入蒸盤。把準備好的3個容器排入，蓋上外鍋蓋，按下按鍵。蒸5分鐘後只把青花菜取出。
2. 等按鍵跳起後，按下保溫鍵燜3分鐘起鍋，蛋過冷水後剝殼。
3. 把蝦仁、青花菜、搗碎的蛋、撕碎的韓國海苔、鹽、芝麻和香油倒入調理碗內拌勻後，再盛盤。

印度風孜然普羅旺斯燉菜

普羅旺斯燉菜只要加入孜然，便能一瞬間飄出異國風情的滋味。涼掉也很好吃，最適合做成常備菜！

使用工具─內鍋／鋁箔紙

材料　2 人份

櫛瓜（切成一口大小）… 1/2 條
黃甜椒（切成一口大小）… 1/2 個
紅甜椒（切成一口大小）… 1/2 個
洋蔥（切成一口大小）… 1/2 顆
A 蒜油 … 1 大匙
切塊番茄罐頭 … 1/2 罐
孜然籽 … 1/2 小匙
鹽 … 1/2 小匙
橄欖油 … 1 大匙

※蒜油的作法請參考 P43

作法

1. 在電鍋的內鍋裡加入除了橄欖油以外的食材，和**A**拌勻，再蓋上鋁箔紙。（鋁箔紙的蓋法請參考P82）
2. 在外鍋倒入1杯水，放入1，再蓋上外鍋蓋，按下按鍵。
3. 等按鍵跳起後，倒入橄欖油將整體食材拌勻，盛盤。

涼拌明太子菇菇

利用瀝油網來蒸菇類，多餘的水分會往下滴，做成涼拌菜會很輕鬆。是道可以方便帶便當的美味配菜。

使用工具─蒸盤／瀝油網

⇩

材料　2 人份

鴻禧菇 … 1 包
金針菇 … 1 包
明太子 … 1 條
A 鹽 … 2 小撮
　芝麻 … 1 大匙
　香油 … 1 大匙

準備

· 去除鴻禧菇和金針菇的根部，把菇剝散。
· 把菇類放進瀝油網內，再把明太子擺在上面。

作法

1. 在電鍋的外鍋倒入1/2杯水，放入蒸盤。再擺入已放好食材的瀝油網，蓋上外鍋蓋再按下按鍵。
2. 等按鍵跳起後，將菇類倒進調理碗，再加入**A**和稍微弄散的明太子拌勻，盛盤。

橄欖油鹽滷牛雜

不用擔心牛雜會煮滾到溢出來，電鍋能做出沒有腥味又滷得恰到好處的牛雜。添加了月桂葉和橄欖油，變得比較有洋食風。

使用工具─內鍋

⇩

材料 3～4 人份

牛雜 … 200g
洋蔥（小顆的切成一口大小）… 1 顆
紅蘿蔔（小條的切成一口大小）
　… 1 條
薑（切薄片）… 8g
蒜（切薄片）… 1 瓣
青蔥 … 適量
橄欖油 … 適量
A 水 … 400ml
　鹽 … 1 小匙
　黑胡椒 … 適量
　月桂葉 … 1 片

準備

・用滾水先汆燙牛雜，去除表面腥味。

作法

1. 在電鍋的內鍋裡放入除了橄欖油和青蔥以外的食材和 **A**。
2. 在外鍋倒1杯水，放入1，再蓋上外鍋蓋，按下按鍵。
3. 等按鍵跳起後盛盤，將青蔥切成蔥花，和橄欖油一同淋在食材上。

雞柳竹筍佐羅勒醬

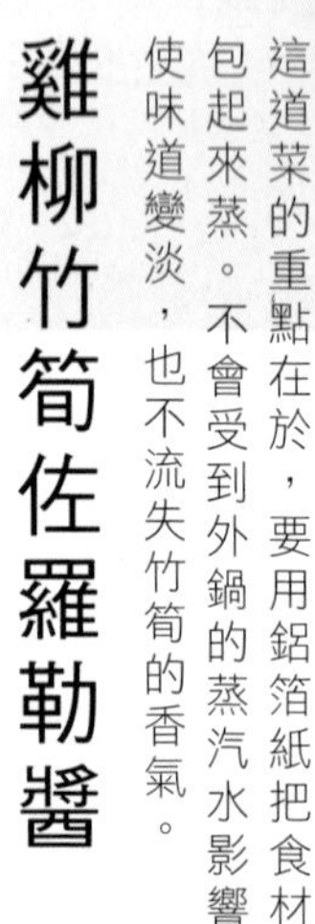

這道菜的重點在於，要用鋁箔紙把食材包起來蒸。不會受到外鍋的蒸汽水影響使味道變淡，也不流失竹筍的香氣。

使用工具—蒸盤／鋁箔紙

材料　2 人份

雞柳 … 3 條（200g）
竹筍（切薄片煮熟）… 1 袋（120g）
檸檬（切扇形）… 1/8 顆
羅勒（切絲）… 4 片
A 鹽 … 1/4 小匙
　黑胡椒 … 少許
　橄欖油 … 2 大匙
　檸檬汁 … 1 大匙
　雞汁 … 2 大匙

準備

- 把雞柳切成適口大小，再抹上分量外的鹽（2小撮）。
- 用鋁箔紙把雞柳和竹筍包起來備用。

作法

1. 在外鍋倒入2/3杯水，放入蒸盤。把用鋁箔紙包好的雞柳和竹筍放進去，蓋上外鍋蓋後，按下按鍵。
2. 等按鍵跳起後，取出鋁箔包把**A**倒入調理碗內，和蒸熟的雞柳、竹筍一同拌勻。
3. 把2盛盤，擺上羅勒和檸檬，即可食用。

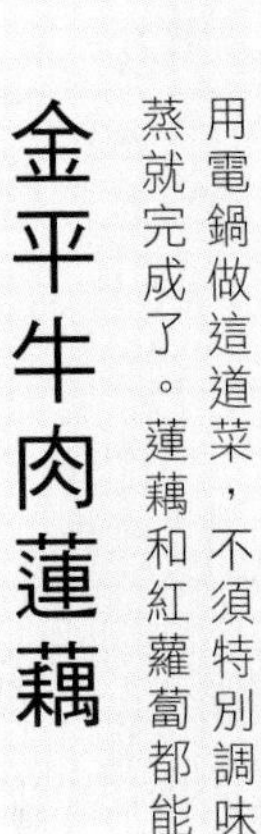

金平牛肉蓮藕

用電鍋做這道菜，不須特別調味和拌炒，放著蒸就完成了。蓮藕和紅蘿蔔都能充分入味。

材料　2 人份

炒牛肉片 … 120g
蓮藕（去皮、切半圓形）… 1 節（90g）
紅蘿蔔（切半圓形）… 1/2 條
辣椒 … 1 條
A 醬油 … 2又1/2 匙
　糖 … 1 大匙
　酒 … 1 大匙
　水 … 2 大匙
　香油 … 1/2 大匙

作法

1. 把切末碎的辣椒和**A**放入內鍋拌勻，再加入牛肉、蓮藕和紅蘿蔔一同攪拌，再蓋上鋁箔紙。（鋁箔紙的蓋法請參考P82）
2. 在外鍋倒入2/3杯水，放入**1**再蓋上外鍋蓋，按下按鍵。
3. 按鍵跳起後，將整體拌勻，盛盤。

使用工具—內鍋／鋁箔紙

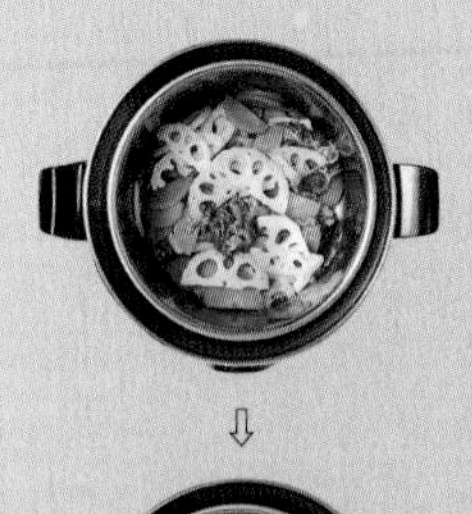

⇩

紙包雞肉沙拉

紙包雞肉沙拉除了基本的調味外，再加上肉豆蔻和香草，讓香氣更有層次。也很推薦加咖哩粉或魚露。

材料　好做的分量

雞胸肉 … 1 片（300g）
鹽 … 1/2 小匙
白胡椒 … 少許
糖 … 1/2 小匙
橄欖油 … 1 小匙

準備

- 把鹽、白胡椒、糖和橄欖油均勻塗抹在雞胸肉上，再用鋁箔紙包起來備用。

作法

1. 在電鍋的外鍋倒入2/3杯水，放入蒸盤。把用鋁箔紙包好的雞胸肉放進去，蓋上外鍋蓋，按下按鍵。
2. 等按鍵跳起後，再按下保溫鍵燜5分鐘。雞汁保留備用。
3. 完成後再分切雞肉。

涼拌雞片

材料　2 人份

小黃瓜（切絲）… 1/3 條
A 醬油 … 1 大匙
　醋 … 1 大匙
　糖 … 1 大匙
　豆瓣醬 … 1/2 大匙
　香油 … 1 小匙
　雞汁 … 2 大匙
芝麻 … 適量

作法

把A的醬汁材料全倒進調理碗內充分拌勻。把分切好的雞肉沙拉盛盤，擺上小黃瓜。淋上醬汁，再撒上芝麻即可食用。

雞肉三明治

材料　1 人份

吐司 … 2 片
番茄（切薄片）… 2 片
培根 … 1 片
美乃滋 … 適量
美式黃芥末醬 … 適量
奶油 … 適量

作法

吐司先烤過，再抹上奶油，夾進切好的雞肉沙拉、番茄、培根、美乃滋和美式黃芥末醬。

涼拌雞片
雞肉三明治

馬鈴薯燉雞肉

用電鍋烹調中途不須翻拌，食材也不易煮散。透過封閉式的高溫讓蔬菜吸飽了雞肉的鮮甜，下飯也下酒。

使用工具—內鍋

材料 2～3 人份

去骨雞腿肉（切成一口大小）… 1 片（240g）
洋蔥（滾刀切）… 1 顆
紅蘿蔔（滾刀切）… 1 條
馬鈴薯（滾刀切）… 3 個
四季豆 … 8 根
A 鹽 … 1/2 小匙
味醂 … 1 大匙
醬油 … 1 又 1/2 大匙
水 … 300ml

作法

1. 把**A**倒進內鍋攪拌，除了四季豆外的食材也全放入。
2. 在外鍋倒入1杯水，放入1，蓋上外鍋蓋後按下按鍵。
3. 等按鍵跳起後，再按下保溫鍵。放入四季豆，燜5分鐘。
4. 盛盤即可食用。

PART3

同時做2道菜的烹調食譜

一次煮好省時料理

電鍋最大的強項就是能同時調理。在蒸盤上放幾個小碗，或是用瀝油盤和內鍋分成上下層，便能一次做好兩道菜。只要學會利用多個碗盤和上下層的技巧，你就會覺得一次只做一道菜太浪費時間了！

丼飯和配菜能一次搞定，是電鍋的優點。
鮪魚肉燥改用一般絞肉也很好吃。

◉鮪魚肉燥和蒸蛋
◉涼拌四季豆

鮪魚肉燥和蒸蛋

材料 好做的分量

〔鮪魚肉燥〕
鮪魚罐頭 … 2 罐
薑 … 5g
A 醬油 … 1 大匙
糖 … 1 大匙

〔蒸蛋〕
蛋 … 1 顆
味醂 … 1 小匙
水 … 1 大匙
鹽 … 少許
白飯 … 適量

涼拌四季豆

材料 好做的分量

四季豆 … 1 包
鹽 … 1 小撮
香油 … 2 小匙

準備

- 把做鮪魚肉燥的食材倒進耐熱盤內攪拌，蓋上保鮮膜。
- 把做蒸蛋的食材倒入耐熱器盤內攪拌勻。
- 四季豆去頭尾後對半斜切。撒些鹽（分量外），再放入耐熱盤內。

作法

1. 在電鍋的外鍋倒入 1/3 杯的水，放入蒸盤。把分別裝好食材的耐熱盤全放上去，蓋上外鍋蓋再按下按鍵。
2. 等按鍵跳起後，用湯匙把鮪魚和蒸蛋各別攪拌。
3. 把裝有四季豆的碗拿出電鍋，倒入鹽和香油拌勻即可。
4. 把2倒在白飯上，用其他器皿盛裝3。

使用工具—蒸盤／耐熱器皿／保鮮膜

⇩

◎蒸鮭魚飯
◎奶油豬肉味噌湯

利用電鍋蒸熟的鮭魚肉很鬆軟。與鮭魚卵的黃金組合成為奢華的料理。在鮭魚片底下墊張烘焙紙，味道便不會轉移到味噌湯裡！

使用工具—內鍋／竹編籃／烘焙紙

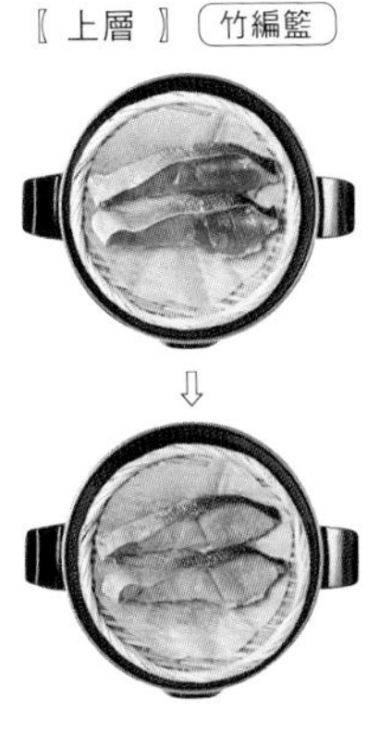

蒸鮭魚飯

材料 2 人份

鮭魚 … 1 片
鮭魚卵 … 適量
紫蘇（切絲）… 2 片
芝麻 … 適量
白飯 … 適量

奶油豬肉味噌湯

材料 好做的分量

培根片（切成 1cm 寬）… 4 片
洋蔥（切成一口大小）… 1 顆
蘆筍（斜切）… 1 把
高湯 … 500ml
味噌 … 1 又 1/2 大匙
奶油 … 10g
黑胡椒 … 少許

準備

· 把蘆筍偏硬的部分削掉。

作法

1. 把培根、洋蔥、蘆筍、高湯和一半的味噌放入內鍋。
2. 把竹編籃架在內鍋上，鋪上烘焙紙，再放上鮭魚備用。
3. 在外鍋倒入1杯水，把2放入。蓋上外鍋蓋，按下按鍵。
4. 等按鍵跳起後，把弄散的鮭魚、鮭魚卵和紫蘇擺在白飯上，再撒上芝麻。
5. 把剩餘的味噌和奶油倒入內鍋攪拌，撒上黑胡椒後盛盤。

◉帆立貝茶碗蒸

◉涼拌芝麻菠菜油豆皮

做茶碗蒸時，在外鍋蓋之間夾著湯匙等器具，能讓水蒸氣冒出，使電鍋內部不致於過熱，就可以做出滑溜彈嫩的茶碗蒸。

使用工具－蒸盤／耐熱盤／免洗筷／湯匙

〖上層〗耐熱盤

⇩

〖下層〗耐熱盤

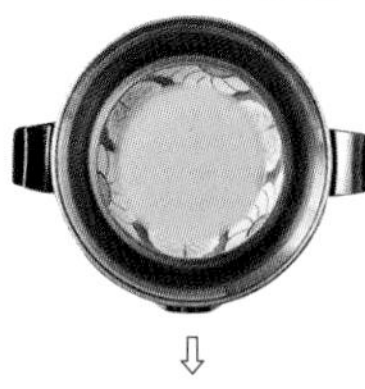

帆立貝茶碗蒸

材料 2 人份

帆立貝 … 60g
香菇（切薄片）… 2 朵
山芹菜（切成 3cm 寬）… 1/2 株
A 蛋 … 1 顆
高湯 … 180ml
醬油 … 1/2 小匙
鹽 … 少許

涼拌芝麻菠菜油豆皮

材料 2 人份

菠菜 … 1/2 把
油豆皮 … 1 片
B 醬油 … 1 小匙
糖 … 1/2 小匙
芝麻碎 … 1 小匙

準備

- 將**A**倒入調理碗內攪拌，倒進耐熱器皿內，放入香菇再輕輕攪拌。
- 把菠菜和油豆皮放入另個耐熱盤。
- 另取調理碗倒入**B**攪拌。

作法

1. 電鍋外鍋倒入1/2杯水，放入蒸盤，再放入茶碗蒸。
2. 在1的茶碗蒸容器上，擺上筷子，放上裝有菠菜和油豆皮的耐熱盤。
3. 拿一只湯匙，把湯勺的部位朝向電鍋內側，湯匙柄裸露在電鍋外，用外鍋蓋夾住湯匙，預留一點空間，再按下按鍵。
4. 待冒出水蒸氣過約6～7分鐘後，把菠菜和油豆皮的耐熱盤取出，再把帆立貝和山芹菜（莖的部位）放在茶碗蒸裡，蓋回外鍋蓋，直接加熱。
5. 等按鍵跳起後，按下保溫鍵燜15～20分鐘。
6. 菠菜和油豆皮過一下冷開水，擰乾水分後，切成適口大小，再放入拌好**B**的調理碗內攪拌。
7. 將食材各別盛盤，用山芹菜（葉子）裝飾在茶碗蒸上。

外鍋裡面長這樣！

◉清蒸泡菜豬肉
◉韭菜醬漬溏心蛋

泡菜豬肉用蒸的很好吃。而且用電鍋做零失敗，也能做出濃郁的半熟蛋。好吃到筷子停不下來！

使用工具——內鍋／竹編籃

【上層】竹編籃

⇩

【下層】內鍋

⇩

蒸泡菜豬肉

材料 2 人份

薄切豬五花（切成 4cm 寬）… 200g
櫛瓜（切成 5mm 寬的圓片）… 1/2 條
泡菜（切細條）… 60g
蒜（切碎末）… 1 瓣
A 韓式辣醬 … 1 小匙
糖 … 1/2 小匙
醬油 … 1 小匙
香油 … 2 小匙

韭菜醬漬溏心蛋

材料 2 人份

蛋 … 2 顆
韭菜（切成韭菜花）… 1/3 把
B 醬油 … 2 大匙
糖 … 1 又 1/2 大匙
醋 … 1/2 大匙
芝麻 … 1 大匙

準備

· 把韭菜和 **B** 倒入調理碗內充分拌勻。

作法

1. 在電鍋的內鍋裡倒入**A**攪拌，加入蒸泡菜豬肉的食材攪拌。
2. 在外鍋倒入2/3杯水，放入1。蓋上外鍋蓋再按下按鍵。
3. 等冒出水蒸氣後，把放有蛋的竹編籃疊在1的上面。蓋上外鍋蓋，直接加熱。
4. 蛋放入等過了9分鐘後，把蛋取出，過冷水剝完殼後，放進混合好 **B** 的調理碗內醃漬。蒸泡菜豬肉則是繼續蓋回外鍋蓋，加熱至按鍵跳起。
5. 等按鍵跳起後，把蒸泡菜豬肉和韭菜醬漬溏心蛋各別盛盤。

◉三寶菜
◉蒸豆腐佐鮪魚榨菜辣醬

像三寶菜這類需要勾芡的料理，只要在一開始加入太白粉，就不用擔心會結塊。用電鍋蒸出來的豆腐，口感滑順又美味。

使用工具——耐熱盤／免洗筷

〖上層〗（耐熱盤）

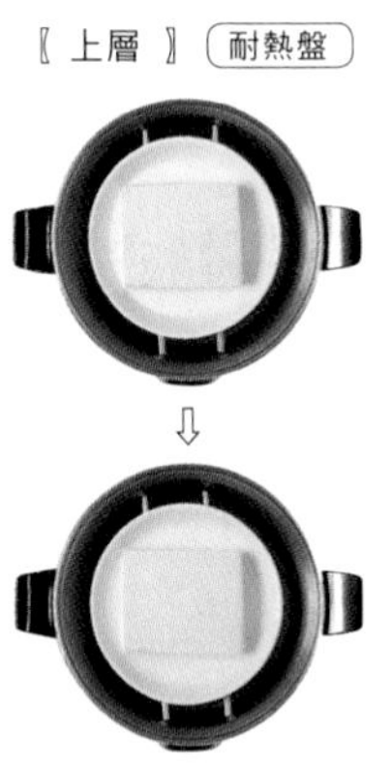

〖下層〗（耐熱盤）

三寶菜

材料 2 人份

冷凍花枝 … 120g
青江菜（切成一口大小）… 1 株
鵪鶉蛋（罐裝）… 8 顆
辣油 … 少許
A 醬油 … 1 小匙
鹽 … 1/4 小匙
雞骨高湯 … 100ml
太白粉 … 1 大匙
香油 … 1 小匙

蒸豆腐佐鮪魚榨菜辣醬

材料 2 人份

板豆腐 … 1 塊
鮪魚罐頭 … 1 罐
榨菜（切碎末）… 20g
B 豆瓣醬 … 1 小匙
醬油 … 1 小匙
糖 … 1/2 小匙
香油 … 1/2 小匙

準備

· 把 **A** 倒入耐熱盤內充分拌勻。
· 把鮪魚罐頭、榨菜和 **B** 倒入調理碗內。

作法

1. 把**A**倒進耐熱盤內拌勻，接著放入青江菜的梗、冷凍花枝和鵪鶉蛋一起拌勻。
2. 在電鍋的外鍋倒入1/2杯水，放入1的耐熱盤。再架上筷子後，放上裝有豆腐的耐熱盤，蓋上外鍋蓋，再按下按鍵。
3. 等按鍵跳起後，取出豆腐。攪拌一下三寶菜，加入青江菜的葉片再蓋回外鍋蓋，按下保溫鍵燜 3 分鐘。
4. 將蒸好的豆腐盛盤，再淋上混合好的鮪魚罐頭和榨菜的**B**。
5. 三寶菜盛盤後，淋上辣油即可食用。

◉芹菜蝦豬肉餛飩
◉洋蔥海帶芽湯

餛飩用蒸的，比用水煮的還要不容易破，即便是料理新手也很容易做。建議蘸胡椒醋一同享用會很爽口。

使用工具——內鍋／竹編籃／耐熱盤

〖上層〗（耐熱盤、竹編籃）

⇩

〖下層〗（內鍋）

⇩

芹菜蝦豬肉餛飩

材料 2 人份／18～20 顆份

冷凍蝦仁（切粗末）… 50g
豬絞肉 … 100g
大蔥（切成蔥花）… 1/4 根
薑（切薑末）… 5g
餛飩皮 … 18～20 片
蔥末 … 1 小匙
A 鹽 … 1/4 小匙
　白胡椒 … 少許
　蠔油 … 1 小匙
　香油 … 1 小匙
　蔥末 … 適量

洋蔥海帶芽湯

材料 2 人份

洋蔥（切薄片）… 1/2 顆
乾海帶芽 … 2 大匙
芝麻 … 1 小匙
高湯 … 400ml
醬油 … 2 小匙
鹽 … 1 小撮
白胡椒 … 少許
香油 … 1/2 小匙

準備

・冷凍蝦仁先沖水解凍後再用。

作法

1. 把蝦仁、豬絞肉、大蔥、薑和**A**倒入調理碗內，攪拌出黏性。
2. 在餛飩皮中間放入少量的1，把四個角往內側摺起，在最後的一角上沾點水黏起來。
3. 把洋蔥海帶芽湯的所有食材全倒入內鍋。
4. 在外鍋倒入1/2杯水，放入3。再疊上竹編籃和塗上薄薄一層油的盤子，把2的餛飩排列上去，蓋上外鍋蓋後按下按鍵。
5. 等按鍵跳起後，個別盛盤。在餛飩撒上細香蔥末，蘸分量外的胡椒醋享用。

MEMO

做好的餛飩若不吃，在加熱前可冷凍保存，之後隨時要吃都很方便。在保存袋內平放冷凍保存即可。

只要加一點咖哩粉在排骨湯內，便能瞬間化身成異國風味。用電鍋蒸熟的紅蘿蔔會釋放出甜味，和焦香的杏仁果非常對味。

◎玉米雪蓮子燉排骨湯
◎涼拌杏仁果紅蘿蔔

使用工具—內鍋／竹編籃

〖上層〗竹編籃

⇩

〖下層〗內鍋

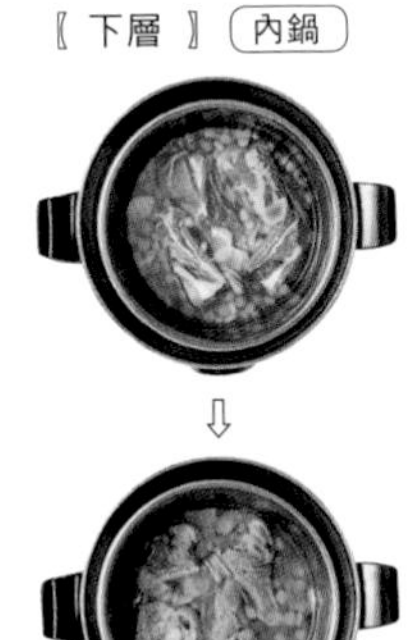

玉米雪蓮子燉排骨湯

材料　2人份

排骨…300g
雪蓮子罐頭…1罐（100g）
玉米粒罐頭…70g
蒜…2瓣
薑…10g
月桂葉…1片
A 水…300ml
　酒…2大匙
　鹽…1小匙
　咖哩粉…1/2小匙

涼拌杏仁果紅蘿蔔

材料　2人份

紅蘿蔔（削皮切長條狀）…1/2條
杏仁果…12粒
B 鹽…兩小撮
　黑胡椒…少許
　檸檬汁…2小匙
　美式黃芥末醬…1小匙
　橄欖油…1又1/2大匙

準備

・把**B**倒入調理碗內攪拌。

作法

1. 把**A**倒入內鍋充分拌勻，再加入排骨、雪蓮子、玉米粒、蒜、薑和月桂葉。
2. 在外鍋倒入1杯水，放入**1**。疊上竹編籃，把紅蘿蔔放上去，蓋上外鍋蓋，按下按鍵。
3. 等按鍵跳起後，把紅蘿蔔和杏仁果倒進混合好**B**的調理碗內拌勻。
4. 將料理個別盛盤。

◎番茄奶油燉雞
◎蘑菇佐芥末籽醬

用電鍋蒸出的番茄塊，不像燉煮的那麼軟爛，還能保留塊狀的口感。要不要配上法棍和白酒一同享用呢？

使用工具──內鍋／竹編籃

〖上層〗竹編籃

〖下層〗內鍋

番茄奶油燉雞

材料 2人份

棒棒腿…6支
洋蔥（切成一口大小）…1/2顆
蒜油…1/2大匙
切塊番茄罐頭…1/2罐
鮮奶油…3大匙
鹽…1/2小匙
乾羅勒末…適量
※蒜油的作法請參考P43

蘑菇佐芥末籽醬

材料 2人份

蘑菇（對半切開）…1包
義大利香芹…適量
A 鹽…1小撮
黑胡椒…少許
芥末籽醬…1小匙
檸檬汁…2小匙
橄欖油…1大匙

準備

・棒棒腿用分量外的鹽（1小撮）抹上醃漬。
・把A倒入調理碗內充分拌勻。

作法

1. 除了鮮奶油、乾羅勒外，把番茄奶油燉雞的所有材料全倒入內鍋攪拌。
2. 在外鍋倒入1杯水，放入1。疊上竹編籃，再擺上蘑菇，蓋上外鍋蓋，按下按鍵。
3. 等按鍵跳起後，把蘑菇倒入已混合好A的調理碗內拌勻，再撒上義大利香芹。鮮奶油倒入燉雞內拌勻。個別盛盤後，把乾羅勒末撒在番茄奶油燉雞上，即可食用。

用電鍋做出簡單又美味的日式經典便當菜！

當作便當菜或招待客人都非常適合的稻荷壽司。就連油豆皮都能滷得鬆軟又多汁。

梅乾稻荷壽司

利用醋飯和梅乾，做出口味變化的稻荷壽司。

使用工具｜內鍋／烘焙紙

⇩

材料 10個份

油豆皮…5片
白飯…1杯份
薑片（切細絲）…1包
芝麻…1大匙
A 醬油…1大匙
鹽…1小撮
梅乾…2粒
糖…1/2大匙
高湯…400ml

準備

- 用滾水淋在油豆皮上去油後瀝乾水分。放在砧板上，用長筷在油豆皮上滾一下，上下的外皮磨擦會比較好開口，再對半切開。
- 梅乾去籽後用刀搗碎。

作法

1. 在外鍋倒入1杯水。把**A**倒進內鍋充分拌勻，再依序放進油豆皮，再蓋上用烘焙紙做成的落蓋。蓋上外鍋蓋，按下按鍵。等按鍵跳起後，開蓋放涼。
2. 把白飯、芝麻和薑片連同薑汁一同倒入調理碗內，製作醋飯。
3. 把醋飯包進油豆皮內。
4. 壽司擺盤後，若手邊有紫蘇葉可放壽司上作點綴，即可食用。

MEMO
烘焙紙落蓋的作法請參考 P11。

小心翼翼將醋飯放入油豆皮的開口內，再塑成橢圓形的醋飯。用力把醋飯推到油豆皮內部，再把收口摺起。

塞醋飯的方法

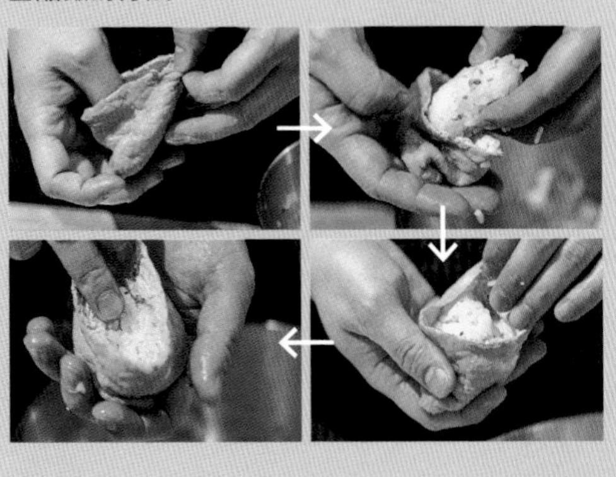

From TAIWAN

青木由香小姐的舒適電鍋生活

圖／文：青木由香

Profile

出生於神奈川縣，定居臺灣。透過寫作和協調工作向日本介紹有關臺灣的魅力。在臺北經營「你好我好」生活小物店。

DEN NABE LIFE

可愛的電鍋魅力

青木由香小姐是定居臺灣的電鍋愛好家。實際訪問了電鍋為何在臺灣如此受歡迎，以及在地臺灣人都是如何使用電鍋。

電鍋食譜原本就很多，而且臺灣人很喜歡便利的東西。年輕人又不太會下廚，也有人的租屋處是沒有廚房的。因此省時省力的電鍋才衍生出除了炊飯之外的功能，尤其不會料理的人都能用電鍋熬出清澈甘甜的雞湯。利用水蒸氣復溫料理，美味又保溫，根本不想再用微波爐了。不論是請教別人食譜，或是食材外包裝上的料理方法，幾乎都會提到用電鍋來做！而我自己使用電鍋的資歷也有20年。電鍋儼然成為我生活中不可或缺的物品。

介紹青木小姐的愛用品

電鍋高蓋

我家的小電鍋不可或缺加高的蓋子。雖然不用的時候很占位子，但烹調的內容量可以變很多。

提盤夾

要從發燙的電鍋裡取出料理，就必須使用提盤夾。是臺灣家庭裡必備的便利工具。

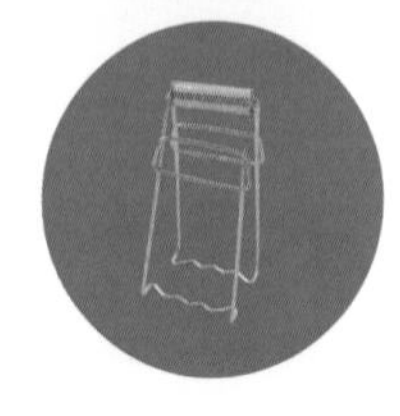

一日電鍋生活

早　**可用電鍋煮麥茶，或喝濃湯當早餐。**

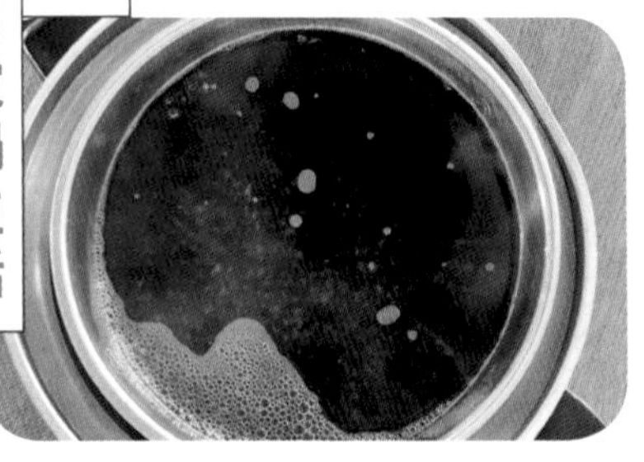

用電鍋熬出來的麥茶真的太好喝了！這方法在定居臺灣的日本人媽媽之間蔚為風潮。就連我兒子都不喝市售麥茶了。

把南瓜和奶油一起放進電鍋裡蒸，直接用手持電動調理機在內鍋裡把南瓜打成泥。紅蘿蔔和白花椰菜的濃湯也是用相同方法以電鍋烹調。

午　**用電鍋蒸玉米會更甘甜。**

臺灣一年四季都有甜玉米。可用電鍋蒸好當家人的點心。剩的還可以把玉米粒剝下來，不用再買玉米粒罐頭了。

傍晚　**可事先準備蒸茄子，做晚餐的涼拌菜。**

茄子也可用電鍋來蒸。蒸好後放著冷卻，用甜芝麻醬、蔥、蒜、花椒和辣油做出醬汁，要吃時淋上即可。

晚　**馬鈴薯沙拉、煎雞腿和蒸白菜，可用電鍋一次做好3道菜！**

馬鈴薯沙拉，用電鍋可以一口氣蒸好馬鈴薯和蛋。用電鍋蒸蛋可蒸出漂亮又不易破裂的蛋。

雞腿肉和鹽麴拌勻，用電鍋蒸熟後，再用平底鍋煎出焦痕即可。白菜則是和豬五花、奶油一起蒸。

友人家的電鍋烹調

趁購物時烹調！友人家的電鍋也十分活躍

有次我臨時留在朋友家吃午餐。我朋友把主菜的魚放進電鍋烹調後，趁這段期間去附近買熟菜。回來的時候電鍋的按鍵正好跳起，看她三兩下就變出了一桌好菜。朋友經常買新鮮的白肉魚片回家冷凍備用。而魚肉的調味，則是只用臺灣的蒸煮料理常用的破布子罐頭而已。她打趣地說：「我只需要切蔥花和蒜頭就好！」

電鍋 in 臺灣街角

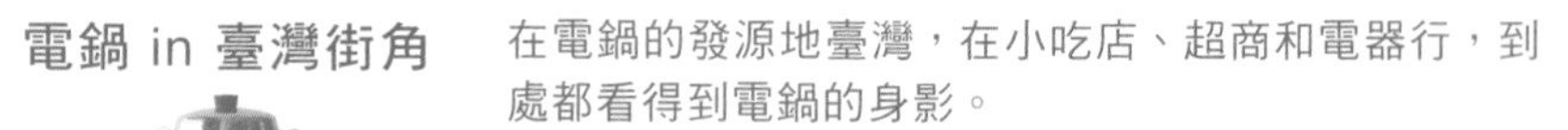

在電鍋的發源地臺灣，在小吃店、超商和電器行，到處都看得到電鍋的身影。

滷肉飯的醬汁幾乎都是豬油。如果沒有維持保溫狀態會凝固。

大型量販店的家電區。跟其他家電相比，電鍋總是比較鮮豔。

超商也必備電鍋。這裡是罕見有許多蒸籠的版本。

電鍋煮飯比較快，小吃店裡的白飯也用電鍋煮好後再放進電子鍋裡保溫。

臺灣人都怎麼活用電鍋？

在臺灣，沒有廚房的小套房比比皆是，因此才會需要用電鍋來烹調！在此介紹臺灣人活用外鍋來烹調的例子。

※如果想在電鍋的外鍋不加水的情況下連續按下按鍵時，靜置一段時間後便可再次按下按鍵。

燕麥餅乾

把麵糰擀得比一般餅乾還要薄，外鍋不加水，讓按鍵跳起3次（按3次按鍵）。

吐司

電鍋烤吐司，外酥內軟，似乎沒必要買烤吐司機了。

荷包蛋&熱狗

先空燒加熱電鍋（按鍵跳3次），倒一些油，蓋上外鍋蓋再讓按鍵跳3次即完成。

烤棒棒腿

先空燒加熱電鍋，排進棒棒腿。較大支的棒棒腿，可在每次按鍵跳起時，上下左右翻轉棒棒腿，把四面烤熟。

番茄醬汁

手邊有小番茄時就可以做。電鍋空燒加熱後，在外鍋倒入橄欖油、鹽和胡椒調味就非常好吃！

DEN NABE LIFE

參觀臺灣人的廚房！

我們到使用電鍋資歷超過40年的洪媽媽廚房。參觀她平常做飯的樣子。

1 拆除內側，好洗的電鍋。固定放在瓦斯爐對面。 2 每天煮員工餐給兒子經營的咖啡廳員工吃。 3 蔬菜都是趁新鮮煮掉，但每一樣調味料都備得很齊全。 4 洪媽媽偷偷把兒子高中時畫的畫剪下來貼在冰箱上。 5 冷藏室和冷凍庫整理得井然有序，隨時掌控冰箱庫存。

洪媽媽與電鍋

用電鍋同時烹調，節省做家事的時間！

協助楊麗美女士忙碌每一天的電鍋

洪媽媽使用電鍋的時間，跟結婚時同一年，已經有44年的資歷。雙薪夫妻的新婚時期，洪媽媽把在宅工作的丈夫中午便當準備好，放在電鍋後便出門上班。每天都在育兒和做家事的時間賽跑。洪媽媽似乎就是在那時養成用電鍋一次做好兩道菜的習慣。洪媽媽笑著說：「電鍋是幫我節省家事時間的最大幫手！」

參考用法！

同時做出關東煮和滷肉飯的技巧，讓人看得驚嘆連連！同時運用電鍋和瓦斯爐，在恰到好處的時機按下按鍵，便能同時做好白米飯、滷肉飯的肉燥和臺式關東煮這三道菜。讓我們好好欣賞洪媽媽，用電鍋用到出神入化的流程！

煮飯的同時一起蒸蔬菜

白飯用不鏽鋼便當盒來蒸。兩人份的白飯這樣的分量就夠了。把滷肉從便當盒取出後，不用洗便當盒，直接把洗好的米和水倒入裡面。如此一來，滷肉的油脂會煮出充滿光澤的米飯。蓋上便當盒蓋，上層還能放許多食材。放上削過皮的白蘿蔔和一整顆南瓜，蔬菜不用事先汆燙，直接在電鍋裡一起蒸熟。

滷肉飯食材備料

按下電鍋按鍵後，便開始在瓦斯爐上熬臺式關東煮的高湯，準備滷肉飯的肉燥。將帶皮三層肉的油脂與皮分切成丁狀。先拌炒油脂，逼出油脂後再加入皮與肉丁一同拌炒。用喝剩的可樂或啤酒取代水加入滷肉內，能使滷肉燉得更軟爛。直到調味完畢都在瓦斯爐上作業。此時電鍋的按鍵剛好也跳起了！

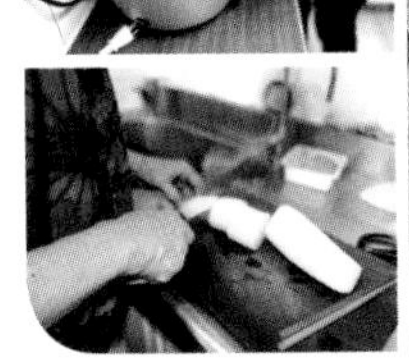

燉煮蒸熟的蔬菜 & 將滷肉飯的肉燥放進電鍋

從電鍋裡拿出蒸熟的蔬菜，切成一口大小，蒸到鬆軟的南瓜非常好切，菜刀可以順順地切進南瓜皮內。再把滷肉飯的肉燥放進電鍋裡燜煮。在這段期間內，把切好的蔬菜放進瓦斯爐的高湯內燉煮。雖說是燉煮，但蔬菜已經事先用電鍋蒸熟了，不用再花大把時間燉煮。在放涼的過程中，食材還能入味。洪媽媽說：「電鍋可以省瓦斯費喔！」

完成！

即使電鍋的按鍵跳起來，也不要馬上去開蓋。膨脹的空氣在冷卻後收縮，會使食材更入味，稍待片刻能讓切得較大的肉塊更容易入味。吃不完的肉燥可分裝在不鏽鋼便當盒內冰冷凍保存，要吃時再直接用電鍋加熱即可。關東煮和肉燥，幾乎同時完成。只要將肉燥淋在白飯上便做出滷肉飯了！

誕生自臺灣的電鍋，做臺灣料理根本手到擒來。所有調味料都只要用1大匙，食譜方便好記！

蒜苗牛肉燥

臺灣道地家常菜用日本當地食材來加以變化。正因為不須拌炒只用電鍋烹煮，才能做出彷彿臺灣路邊攤純粹的味道。

清蒸魚片

魚肉料理，只須用電鍋蒸熟，非常簡單。在內鍋蓋上鋁箔紙便能調理，利用蒸氣能讓料理保留香氣。

蒜苗牛肉燥

使用工具－內鍋／鋁箔紙

材料 好做的分量

牛絞肉 … 150g
蒜苗（切成0.5cm長）… 1 把
薑（切碎末）… 5g
小辣椒（切圓片）… 1 根
水 … 50ml
醬油 … 1 大匙
蠔油 … 1 大匙
糖 … 1 大匙
酒 … 1 大匙

作法

1. 將材料全倒進電鍋的內鍋內充分拌勻，蓋上鋁箔紙。
2. 在外鍋倒入2/3杯水，放入1。蓋上外鍋蓋再按下按鍵。
3. 完成後盛盤，淋在蒸馬鈴薯（P.16）或白飯上。

清蒸魚片

使用工具—內鍋／鋁箔紙

材料　2人份

鯛魚片 … 2片
青蔥（切蔥花）… 1/2根
薑（切絲）… 10g
白胡椒 … 少許
A 醬油 … 1大匙
味醂 … 1大匙
酒 … 1大匙
水 … 1大匙
香油 … 1大匙

準備

- 用滾水淋在鯛魚片上去除腥味。
- 把**A**倒入調理碗內拌勻。

作法

1. 把鯛魚片、薑絲、蔥花重疊放入電鍋的內鍋內。將**A**繞圈淋在上頭，再撒上白胡椒，蓋上鋁箔紙。（鋁箔紙的蓋法請參考P.82）
2. 在外鍋倒入1杯水，放入1。蓋上外鍋蓋後按下按鍵。
3. 完成後盛盤，在魚肉上繞圈淋上底部的醬汁，即可享用。

三杯雞豆腐

臺灣招牌道地美食「三杯雞」和「三杯豆腐」的綜合體！雞肉和油豆腐吸飽的甜鹹醬汁讓人欲罷不能。

雞肉油飯

臺灣料理很常會把肉類和海鮮混合成一道佳餚。這次是用雞肉和蝦米，但用豬肉和干貝也會有豐富的滋味。

三杯雞豆腐

使用工具─內鍋／鋁箔紙

材料 2 人份

雞翅 … 4 支
油豆腐（切成一口大小）… 1 片
薑（切薄片）… 10g
九層塔 … 1 包
辣椒 … 1 根
米酒 … 1 大匙
鹽 … 1 小撮
醬油 … 1 大匙
味醂 … 1 大匙
香油 … 1 大匙

準備

・在雞翅內側劃幾刀，抹鹽醃漬。

作法

1. 將所有材料（留下一株裝飾用的羅勒不加）放入電鍋的內鍋裡整體拌勻，再蓋上鋁箔紙。（鋁箔紙的蓋法請參考 P.82）
2. 在外鍋倒入1杯水，放入1。蓋上外鍋蓋後按下按鍵。
3. 等按鍵跳起後，按下保溫鍵，燜10分鐘。將整體拌勻，盛盤後羅勒裝飾。

MEMO

米酒換成紹興酒，風味更佳。

雞肉油飯

使用工具—內鍋

材料　2 杯米的份量

雞腿肉（小支的切成一口大小）
…1/2 支（120g）
洋蔥（切粗末）…1/4 顆
乾香菇…4 朵
蝦米…3 大匙（沒有也 OK）
白胡椒…少許
米…2 杯
水…190ml

A
醬油…1 大匙
味噌…1 大匙
蠔油…1 大匙
味醂…1 大匙
香油…1 大匙

準備

- 乾香菇用190ml的水（分量外）泡一晚，之後切成薄片。泡香菇的水備用。
- 洗好米後泡水一個小時，再過篩瀝掉水分。

作法

1. 將**A**倒入電鍋的內鍋充分拌勻，再依序將米、蝦米、乾香菇、洋蔥和雞腿肉放入。撒上白胡椒，香菇水和份量中的水混合好一同加入。
2. 在外鍋倒入1杯水，放入**1**。蓋上外鍋蓋再按下按鍵。
3. 等按鍵跳起後，再燜10分鐘。
4. 盛盤後，手邊若有芹菜和醃黃蘿蔔可搭配。

雞絲拌麵

不僅可用麵線，換成烏龍麵、義大利麵或白飯都OK。用電鍋來做，蒸氣可讓雞胸肉吃起來不乾柴、軟嫩多汁。

滷肉飯

一想到臺灣美食，第一名就是經典的滷肉飯。建議可多做一些冰冷凍備用。滷肉飯跟用電鍋做出來軟綿的水煮蛋非常對味！

雞絲拌麵

使用工具 內鍋

材料 雞肉用好做的分量，醬汁則是1人份

雞胸肉 … 1/2 片（120g）
薑（切絲）… 5g
洋蔥（切粗末）… 1/2 顆
鹽 … 2 小撮
酒 … 1 大匙
水 … 1 大匙
香油 … 適量

麵線 … 適量
香菜 … 適量

A 醬油 … 1 大匙
醋 … 1 大匙
糖 … 1 大匙
雞汁 … 1 大匙

準備

・雞胸肉去皮，抹鹽醃漬。雞皮切成小塊狀。

作法

1. 把洋蔥、薑和雞皮鋪進內鍋，再疊上雞胸肉，倒入酒和水。
2. 在電鍋的外鍋倒入1杯水，放入1。蓋上外鍋蓋按下按鍵。
3. 等按鍵跳起後，放涼食材，用手撕碎雞胸肉。蒸好的雞汁備用。
4. 將**A**倒入器皿內拌勻，放入煮好的麵線、雞胸肉和香菜。淋上香油後，拌勻享用。

滷肉飯

使用工具／內鍋／鋁箔紙

材料　2 人份

豬五花（切成1cm寬的大小）… 200g
（烤肉用的厚切豬五花）
洋蔥（切粗末）… 1/4 顆
薑（切碎末）… 5g
蒜（切碎末）… 1 瓣
酒 … 50ml
五香粉 … 少許
鹽 … 2 小撮
白飯 … 適量

A
醬油 … 1 大匙
蠔油 … 1 大匙
糖 … 1 大匙

準備

・切好豬五花後，抹鹽醃漬。

作法

1. 把除了白飯之外的材料和**A**全放進電鍋的內鍋裡，整體拌勻，蓋上鋁箔紙。（鋁箔紙的蓋法請參考 P.82）
2. 在外鍋倒入1杯水，放入**1**。蓋上外鍋蓋後按下按鍵。
3. 完成後將整體拌勻。淋在白飯上，隨個人喜好添加水煮蛋或酸菜。

＼發現小祕訣！／

利用加分工具和最少步驟做出宴客料理。

利用可拆卸把手，煮好的食材便能直接提放進電鍋裡燉煮。完成一道賞心悅目又美味的料理！

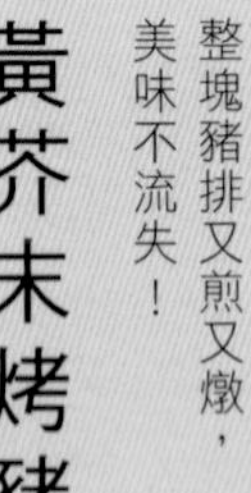

黃芥末烤豬排

整塊豬排又煎又燉，美味不流失！

就是用這個！

可拆卸!!

把手可拆卸的鍋子，對應電鍋 M 號是直徑 18cm。

材料　3～4 人份

豬肩肉 … 500g
牛番茄（切成對半）… 2 顆
橄欖油 … 1/2 大匙
義大利香芹 … 適量
芥末籽 … 適量
A 鹽 … 1 又 1/2 小匙
　黑胡椒 … 少許
　柳橙汁 … 3 大匙
　蒜泥 … 1/2 小匙
　橄欖油 … 1 大匙
　美式黃芥末醬 … 2 大匙

準備

- 用叉子在豬肩肉上戳出數個洞，放入密封袋內，倒入**A**輕輕揉勻，冰冷藏醃1小時至一個晚上。

作法

1. 倒入橄欖油至不沾鍋內熱鍋，將醃漬好的豬肩肉擦乾水分放入鍋內，將整體煎成焦黃色。
2. 在電鍋的外鍋倒入1又1/2杯水，放入1。蓋上外鍋蓋，按下按鍵。

3 加熱15分鐘後，再加入牛番茄加熱。

4 等按鍵跳起後，按下保溫鍵，燜約 10 分鐘。盛盤後，裝飾上義大利香芹和芥末籽。

如果料理內有使用如番茄這類容易煮爛的食材，可以晚一點再放進電鍋內，如此一來每樣食材都能煮到恰到好處。

日本大同公司來解答！

解決困惑！電鍋Q&A

Part2 要來解決電鍋如何放置，
和耐熱容器等調理中的疑問！

Q 電鍋調理時的喀噠聲很大聲……這是故障了嗎？

A➡這並非異常，請放心。因為加熱使得倒進外鍋的水煮沸，進而產生水蒸氣使得外鍋蓋發生喀噠聲響，偶爾也會發出嗶嗶嗶的聲音。

Q 最高耐熱至幾度的耐熱容器可放入電鍋？

A➡電鍋調理中，鍋內的最高溫度會上升至250℃。請使用可耐熱至250℃以上的耐熱容器（例：瓷製、金屬製、玻璃製、陶製）。

Q 請告訴我電鍋可使用的耐熱容器尺寸！

A➡請以下列的表格為基準。

電鍋的尺寸	圓形容器	正方形容器	長方形容器	高度
6人份	直徑 18cm	邊長 13cm	長 13cm、寬 11cm	9.5cm 以下
10人份	直徑 20cm	邊長 15cm	長 15cm、寬 13cm	11.7cm 以下

Q 在臺灣購買的電鍋，能在日本使用嗎？

A➡日本版的電鍋是遵照日本電氣用品安全法製作進口。臺灣版的電鍋在設計上和日本版的不同，不建議在日本使用臺灣版電鍋。此外，只有在國內販售的電鍋規格才有當地的售後服務，還請各位知悉。

Q 電鍋最好不要放在哪裡使用？

A➡最好不要放在洗手檯等會碰到水的地方，可能會導致漏電及破損，也請不要放在瓦斯爐、暖爐等靠近火源的地方。也不能在戶外使用。

Q 調理時可以外出嗎？

A➡可以外出沒問題。電鍋調理結束，按鍵會自動切斷，停止加熱。不過若是使用保溫鍵，電鍋會維持40～50℃的保溫狀態。必須注意會使食品的品質下降。

PART 4

料理變得更輕鬆！

電鍋＋配件的應用食譜

只要活用蒸籠和耐熱密封袋等工具，便能大幅增加電鍋料理的範圍。熟悉基礎作法後，請務必來挑戰變化料理。本單元的低溫調理為了縮短調理時間而設定在80℃，若想嘗試更低溫的調理方法只要增加加熱的時間即可。多方嘗試，找出最適合的調理方式吧。

蒸籠

通心粉蛋沙拉

通心粉沙拉雖然好吃，但必須要做很多事前準備非常麻煩。不過別擔心！用電鍋就能一次搞定！

使用工具—耐熱碗／蒸籠

〖上層〗蒸籠

〖下層〗耐熱碗

⇩

材料　好做的分量

火腿（切細條）… 2 片
洋蔥（切薄片）… 1/4 顆
蘆筍 … 1 把
蛋 … 2 顆
通心粉 … 50g
鹽 … 1/2 小匙
水 … 300ml
A 鹽 … 少許
　黑胡椒 … 少許
　美乃滋 … 3 大匙
　橄欖油 … 1 小匙

準備

- 洋蔥切完泡過水後，瀝乾水分。
- 將蘆筍根部較硬的皮削掉，切成跟通心粉差不多的大小。倒入調理碗內，加入分量外的鹽（1小撮）和水（1大匙），拌勻。

作法

1. 在電鍋的外鍋倒入1杯水。把通心粉、鹽和水倒進耐熱碗內放進電鍋裡，蓋上外鍋蓋按下按鍵。
2. 等1煮至沸騰冒出水蒸氣後，打開蓋子將蒸籠擺在上層，將放在耐熱盤的蘆筍和蛋放入，再蓋上蓋子。
3. 等按鍵跳起後，把蛋和蘆筍過冷開水，用濾網濾乾通心粉的水分。
4. 放涼後，將切成四等分的蛋、所有材料和**A**一同倒入調理碗內拌勻。
5. 盛盤。

MEMO

要蒸綠色蔬菜時，先和鹽水拌勻再蒸，能保持色澤翠綠。

蒸籠

羅勒肉捲佐檸檬橄欖油

用豬肉片把萵苣捲起來放電鍋蒸，是道在家族聚餐端上桌會令人驚豔的菜色。羅勒的風味使料理吃起來很清爽！

材料 2 人份

薄切豬五花 … 200g
萵苣 … 10 片
羅勒 … 12 片
鹽 … 2 小撮

〔檸檬橄欖油〕
鹽 … 適量
黑胡椒 … 少許
檸檬 … 1/4 顆
橄欖油 … 適量

作法

1. 將薄切豬五花並排在砧板上，撒上鹽。將萵苣和羅勒撕成條狀後擺上，用豬五花肉片捲起來，再用刀把肉片和蔬菜分切開來。
2. 在電鍋的外鍋內倒入2/3杯水。把已鋪好烘焙紙的蒸籠架在電鍋上，把1依序排列進去，蓋上蓋子，按下按鍵。
3. 完成後，盛盤。在小盤子內倒入檸檬橄欖油的材料，邊蘸邊享用。

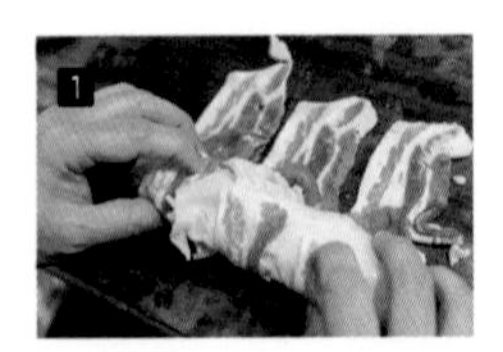

蒸籠

青椒鑲肉燒賣

用蒸籠來蒸青椒，青椒會釋放出甜味，跟多汁的豬肉很對味。若要做大量的燒賣，可再疊上蒸籠。是對大家庭來說非常方便的食譜。

使用工具－蒸籠／烘焙紙

材料　2 人份

豬絞肉 … 250g
洋蔥（切碎末）… 1/4 顆
太白粉 … 2 大匙
燒賣皮 … 8 片
青椒 … 4 個
日式黃芥末醬 … 適量
A 鹽 … 1/3 小匙
　蠔油 … 1 大匙
　糖 … 1 大匙

準備

· 洋蔥撒上太白粉備用。
· 去掉青椒的蒂頭，橫向對半切開做成筒狀。

作法

1. 將豬絞肉、洋蔥和**A**倒進調理碗內，充分攪拌出黏性。
2. 將1的一半用燒賣皮包起來，剩下的一半塞進青椒裡。排列進已鋪好烘焙紙的蒸籠內。
3. 在電鍋的外鍋倒入2/3杯水。疊上蒸籠，蓋上蓋子，按下按鍵。
4. 完成後，盛盤，隨個人喜好蘸日式黃芥末醬享用。

蒸籠

水菜芹菜肉捲佐柚子胡椒醋

肉捲蘸上柚子胡椒柚子醋，形成爽口的滋味。也可以用香氣十足的西洋菜或綜合香草來取代芹菜。

材料　2 人份

梅花豬肉片 … 200g（火鍋肉片用）
水菜（切成5cm長）… 2 株
芹菜（削皮後切成絲）… 1/2 根
鹽 … 適量
芝麻 … 適量

〔柚子胡椒醋〕
柚子醋 … 3 大匙
柚子胡椒 … 1/3 小匙
香油 … 1 小匙

準備

· 把製作柚子胡椒醋的材料倒入調理碗內拌勻。

作法

1. 將梅花豬肉片並排在砧板上，擺上水菜和芹菜，一片一片捲起來，備用。
2. 把1排列進已鋪好烘焙紙的蒸籠內，在表面撒鹽。
3. 在電鍋的外鍋內倒入1杯水。疊上蒸籠，蓋上蓋子，按下按鍵。
4. 完成後，盛盤，撒上芝麻，並蘸著柚子胡椒醋一同享用。

蒸籠

味噌燉豬肉&日式關東煮佐黃芥末醬

電鍋最拿手的強項就是燉煮料理。即使是厚實的肉塊也能燉到軟嫩多汁。主菜與配菜一起做非常便利！

使用工具—耐熱碗／蒸籠／耐熱盤

〖上層〗蒸籠

⇩

〖下層〗耐熱碗

⇩

味噌燉豬肉

材料　2 人份

五花豬肉塊（切成4cm寬）… 300g
薑（切薄片）… 5g
蒜（切薄片）… 1 瓣
青蔥（蔥綠）… 1 根份（有就用）

A 水 … 300ml
酒 … 2 大匙
味噌 … 5 大匙
醬油 … 2 大匙
糖 … 3 又 1/2 大匙

日式關東煮佐黃芥末醬

材料　2 人份

白蘿蔔（切成 5mm 寬的扇形）… 1/6 條（120g）
竹輪（切圓片）… 2 條
柴魚片 … 適量

B 醬油 … 1 大匙
日式黃芥末醬 … 1/3 小匙
糖 … 2/3 大匙
醋 … 1 大匙

準備

- 把白蘿蔔和竹輪放進耐熱盤內。
- 把**B**倒入調理碗內拌勻。

作法

1. 將**A**倒入較深的調理碗內充分拌勻，並將味噌燉豬肉的材料全倒進去。
2. 把裝有白蘿蔔和竹輪的耐熱盤放進蒸籠內。
3. 在電鍋的外鍋內倒入1/2杯水，放入**1**。再架上**2**的蒸籠，按下按鍵。
4. 等按鍵跳起後，取出蒸籠。再補1杯水進外鍋內，蓋上外鍋蓋，再按下按鍵。
5. 把蒸籠裡的白蘿蔔和竹輪，倒入已拌好**B**的調理碗內攪拌。
6. 完成後，個別盛盤。

蒸籠

擔擔風味蓮藕豬五花&糖醋豆芽菜青椒

像是豆芽菜和菠菜這類水分較多的蔬菜較易蒸熟，只要把外鍋要加的水減少，便能蒸得清脆鮮綠。

〖上層〗 蒸籠

⇩

〖下層〗 耐熱碗

⇩

擔擔風味蓮藕豬五花

材料 2 人份

五花豬肉片（切成 3cm 寬）… 200g
蓮藕（切成扇形）… 1/2 節（90g）
蒜（切碎末）… 1 瓣
薑（切碎末）… 5g
豆瓣醬 … 1 大匙
味噌 … 1 大匙
酒 … 1 大匙
水 … 4 大匙
芝麻 … 2 大匙
香油 … 1 大匙

糖醋豆芽菜青椒

材料 2 人份

豆芽菜 … 1/3 包
青椒（切細絲）… 2 個
A 醬油 … 1 大匙
糖 … 2/3 大匙
醋 … 1 大匙

準備

· 把**A**倒入調理碗內拌勻。

作法

1. 把製作擔擔風味蓮藕豬五花的材料全倒進耐熱碗內拌勻。
2. 把豆芽菜和青椒擺在耐熱盤上，繞圈淋上**A**。
3. 在電鍋的外鍋內倒入1/2杯水，放入1。再疊上蒸籠，放入2並蓋上蓋子，按下按鍵。
4. 完成後，個別拌勻，再盛盤。

How to 低溫調理

1 在電鍋內倒入六分滿的水，按下炊飯鍵，把水加熱。

2 將所有材料全放進耐熱密封袋內。不用在意材料放入的順序。

3 水加熱至希望溫度後，連同整個密封袋放入電鍋內。用溫度計檢查溫度。

4 按下「保溫鍵」。

低溫調理

蒜香鮭魚蕪菁

使用工具｜耐熱密封袋

用電鍋便能輕鬆做出道地的餐酒館料理。因為不是用高溫調理，不僅能保留恰到好處的口感，食材的美味也不流失。

材料　2 人份

生鮭魚 … 2 片
蕪菁（切扇形）… 2 個
蒜（壓碎）… 1 瓣
辣椒 … 1 根
檸檬（切圓片）… 1/4 顆
月桂葉 … 1 片
橄欖油 … 4 大匙
鹽 … 1/2 小匙
黑胡椒 … 少許

準備

・用滾水淋在生鮭魚上，去除腥味。
・蕪菁削皮。

作法

1 將材料全放入耐熱密封袋內，在袋內拌勻。
2 在電鍋的外鍋內倒入六分滿的水，按下按鍵，將水加熱至約80℃。
3 把1放進2內，蓋上外鍋蓋，按下保溫鍵燜1小時。
4 取出密封袋，倒入器皿內。

低溫調理

山藥燉醬豬肉

放入耐熱密封袋內調理，不需要用到太多的水分，可保留食材原本的鮮味。吸收豬肉精華的鬆軟山藥堪稱極品。

材料　2 人份

五花豬肉塊（切成3cm寬）… 300g
山藥（切成1.5cm寬的圓片）… 150g
薑（切薄片）… 5g
辣椒 … 1 根
白蔥絲 … 適量
醬油 … 2 大匙
糖 … 2 大匙
酒 … 1 大匙
水 … 6 大匙

準備

· 山藥削皮後再分切。

作法

1. 把白蔥絲之外的材料全放進耐熱密封袋內拌勻。
2. 在電鍋的外鍋內倒入六分滿的水，把1放入。蓋上外鍋蓋，按下按鍵，將水加熱至80℃。
3. 加熱完畢後，按下保溫鍵，燜煮1小時
4. 完成後，盛盤，再點綴上白蔥絲。

低溫調理

梅乾燉棒棒腿

使用工具—耐熱密封袋

酸甜清爽的滋味中，加點乾香菇的香氣，是道四季皆宜的料理。以低溫調理的棒棒腿肉非常多汁軟嫩。

材料　2 人份

棒棒腿 … 8 支
白蘿蔔泥 … 100g
乾香菇 … 2 朵
梅乾 … 2 粒
昆布 … 5g
水 … 100ml
鹽 … 1/2 小匙
醬油 … 1 小匙
味醂 … 1 大匙
香油 … 1 大匙

準備

- 乾香菇泡水泡開後，切成薄片。
- 將白蘿蔔泥放進耐熱容器內，蓋上保鮮膜，用600W的微波爐加熱2分鐘，備用。

作法

1. 將全部材料放入耐熱密封袋內，拌勻。
2. 在電鍋的外鍋內倒入六分滿的水，按下按鍵，將水加熱至80℃。
3. 把1放進2內，蓋上外鍋蓋，按下保溫鍵，燜煮1小時。
4. 完成後，盛盤。

＼2道同時！／

低溫調理

烤牛肉&油封蒜蝦

烤牛肉和蝦仁，用低溫調理不會使肉質過柴。只要活用電鍋的保溫模式，加熱中也不須調整火候，調理起來很簡單。

烤牛肉

材料　2人份

原條牛肉…200g
鹽…1/3小匙
橄欖油…1/2大匙
黑胡椒…少許
芥末醬油…適量
配菜（洋蔥絲、水菜、番茄）

油封蒜蝦

材料　2人份

蝦仁…120g
蒜（切碎末）…1瓣
洋香菜（切碎末）…適量
鹽…1/3小匙
黑胡椒…少許
橄欖油…3大匙
白酒…1大匙

準備

・牛肉抹鹽醃漬。

作法

1. 橄欖油倒入平底鍋內熱鍋，將牛肉表面煎成焦黃色，再撒上黑胡椒。
2. 把1放進耐熱密封袋內。
3. 把油封蒜蝦的材料全放進另一個耐熱密封袋內拌勻。
4. 在電鍋的外鍋內倒入六分滿的水，按下按鍵，將水加熱至80℃。
5. 把2和3放進4內，蓋上外鍋蓋，按下保溫鍵，加熱1小時。
6. 完成後，分切烤牛肉，盛盤，佐上芥末醬油。油封蒜蝦也另外盛盤。

MEMO
油封蒜蝦內加入鯷魚，味道會更有層次。

隔水加熱

烏克蘭風羅宋湯

這道菜是源自於烏克蘭的料理。加入甜菜根使湯頭的色澤變得鮮豔，最後點綴上蒔蘿，味道會更加豐富。

材料　2 人份

炒牛肉片 … 100g
甜菜根（切成1cm寬的四角棒狀）… 100g
高麗菜（切成適口大小）… 1/6 顆
馬鈴薯（切成1cm寬的四角棒狀）… 2 顆
洋蔥（切薄片）… 1 顆
酸奶油 … 適量

A 鹽 … 1 小匙
紅酒醋 … 1 大匙
水 … 300ml
切塊番茄罐頭 … 1/2 罐
月桂葉 … 1 片

作法

1. 把酸奶油之外的材料全放入耐熱密封袋內拌勻。
2. 在電鍋的外鍋內倒入六分滿的水，把1放入。蓋上外鍋蓋，按下按鍵，隔水加熱40分鐘。
3. 完成後盛盤，佐上酸奶油。

How to 隔水加熱

在電鍋的外鍋內倒入水和放入耐熱密封袋，按下「保溫鍵」，再按下「炊飯鍵」。等按鍵跳起後便可直接保溫。

使用工具——耐熱密封袋

＼2 道同時！／

隔水加熱

油封沙丁魚明太子&奶油馬鈴薯

這兩道料理，一起吃才能彰顯其美味。用電鍋調理，能做出軟嫩鬆軟的沙丁魚。

油封沙丁魚明太子

材料 2 人份

沙丁魚（去頭去內臟）… 2 尾
明太子 … 1 條
蒜（切薄片）… 1 瓣
鹽 … 1/3 小匙
橄欖油 … 3 大匙
迷迭香 … 1 株

奶油馬鈴薯

材料 2 人份

馬鈴薯（切成1.5cm寬的圓片）… 2 顆
奶油 … 10g
洋香菜（切碎末）… 適量

準備

- 用滾水淋在沙丁魚上，去除腥味。
- 馬鈴薯挑芽削皮。

作法

1. 將製作油封沙丁魚明太子的材料全放進耐熱密封袋內。
2. 將奶油馬鈴薯除了洋香菜之外的材料全放進另個耐熱密封袋內。
3. 在外鍋內倒入六分滿的水，把1、2放入。蓋上外鍋蓋，按下按鍵，隔水加熱40分鐘（參見 P117）。
4. 完成後，個別盛盤。將洋香菜撒在奶油馬鈴薯上面。

甜點

綜合莓果煉乳奶酪

用電鍋來做甜點，加熱的溫度很穩定，可以確實做出保留濃厚奶香又美味的奶酪。

使用工具—內鍋

材料　3～4 人份

牛奶 … 200ml
鮮奶油 … 200ml（乳脂肪含量 40%以上）
煉乳 … 1 大匙
細砂糖 … 2 大匙
吉利丁粉 … 5g

〔莓果醬〕
冷凍綜合莓果 … 200g
細砂糖 … 1 大匙

準備

· 把吉利丁粉和分量外的水（1大匙）倒進小容器內，拌勻備用。

作法

1. 把除了吉利丁外其他製作奶酪的材料全倒進電鍋的內鍋裡。
2. 在外鍋倒入1/2杯水，把1放入，不蓋外鍋蓋，直接按下按鍵。
3. 等按鍵跳起後，把吉利丁倒進內鍋，用打蛋器等器具充分拌勻，再用篩網過濾材料倒入容器內，放涼後再冰冷藏 3 小時以上冷卻凝固。
4. 清洗內鍋，再倒入做莓果醬的材料。
5. 在外鍋倒入1/2杯水，把4放入。不蓋外鍋蓋，直接按下按鍵。
6. 等按鍵跳起放涼後，冰冷藏2～3小時冷卻凝固。
7. 等奶酪凝固後，再淋上莓果醬。

甜點

焦糖布丁

為了不讓布丁杯直接接觸電鍋的金屬部分，訣竅是在底部墊濕方巾。即可做出柔滑又烤得均勻的布丁。

使用工具｜內鍋／耐熱杯／保鮮膜／蒸盤／方巾／湯匙

⇩

材料　4～5 個布丁杯的分量

鮮奶油 … 100ml
牛奶 … 150ml
蛋 … 2 顆
煉乳 … 2 大匙
細砂糖 … 2/3 大匙

〔焦糖漿〕
細砂糖 … 40g
水 … 1 大匙
熱水 … 1 大匙

作法

1. 將製作焦糖漿的細砂糖和水倒入單柄鍋內開火，邊搖晃鍋身邊把糖漿煮成褐色，加入熱水做成焦糖漿，倒入布丁杯內。
2. 在電鍋的內鍋裡加入蛋和細砂糖，用打蛋器充分拌勻。
3. 把鮮奶油、牛奶和煉乳分2次加入2內，第一次拌勻後再加入第二次。
4. 把3各別倒入1的布丁杯內約九分滿，再各別蓋上保鮮膜。
5. 在外鍋倒入1/4杯水，放入蒸盤，再鋪上濕方巾，最後放入布丁杯。
6. 把湯匙的湯勺部分朝內側擺放，夾在外鍋蓋中間，保留一點空隙，再按下按鍵。
7. 等按鍵跳起後，拿開湯匙，按下保溫鍵，燜15～20分鐘。
8. 取出布丁杯，放涼後，再冰冷藏2～3小時冷卻。

1

5

大家都怎麼用？

電鍋的日本鐵粉們使用實例集

由電鍋的日本鐵粉們組成的「#おうちで部活（居家社團）#電鍋部™（電鍋社™）」和「大同電鍋愛好會 in 日本」，以及介紹臺灣資訊的「Howto Taiwan」等交流社團裡的各位，向大家介紹自己的愛用電鍋＆各式各樣的使用方法！

在各社群及 IG 上介紹美味的電鍋食譜！
#おうちで部活#電鍋部™

電鍋部長

電鍋資歷 2 年 10 個月

愛用電鍋

水藍色10人份（臺灣規格）。我就是喜歡這個顏色！在臺灣時我跑了好幾家店才找到這個顏色的電鍋。我對這復古的風格愛不釋手，可愛到把它當成居家擺設也行。

放置場所

考量到做菜的動線，我就擺在瓦斯爐的旁邊，電鍋旁還擺了電子鍋、快煮壺和調理器具。

用法

蒸蔬菜、加熱冷凍肉包、做便當、利用保溫功能來發酵麵包麵糰等，電鍋已是融入我生活中每日料理的工具之一。電鍋可以配合我的生活型態這點很棒。而且也不用像蒸煮鍋需要用到大量的水，我覺得電鍋是很環保又符合現代人生活的家電！

還能這樣用！

我原本就很喜歡臺灣，所以對電鍋很有興趣，在當地也購入了電鍋高蓋、重疊蒸盤、高腳網和提盤夾。其中對電鍋生活最不可或缺的就是提盤夾了。

利用高腳蒸盤來堆疊調理。下層是香菇糯米飯，上層則是蒸番薯麵包，可同時調理兩道菜非常省時！

把想調理的食物放在盤子上一起放進電鍋的外鍋內，按下按鍵！完成後，可直接端出放在餐桌上。要洗的碗盤也很少，可達到節能的家事。

把蓋子密閉度高，可做無水料理的琺瑯鑄鐵鍋放進電鍋裡，可更迅速、輕鬆地做出美味地無水料理。

涼拌菜也可以用電鍋做。豆芽菜、南瓜、青花菜和毛豆等蔬菜，不用汆燙而用蒸的，口感不會變水水的，還能保留營養價值。

因為太愛電鍋，我還做了電鍋圖案的造型壽司（笑）。

我在自家有開設製作港點和造型壽司的廚藝教室，尤其是在做肉包、小籠包和燒賣時的課程，電鍋非常派得上用場！市售的蒸籠剛好可以搭配電鍋使用，不需要蒸煮鍋和大量的水。有些來上過課的學生們也變成了電鍋粉絲。

還可以利用電鍋幫奶瓶和保存常備菜的琺瑯容器消毒。

電鍋 RED

電鍋資歷 2 年 9 個月

愛用電鍋

紅色6人份。其他還有紫色10人份、綠色6人份和紅色3人份尺寸，共4台（紅色6人份是日本規格，其餘都是臺灣規格）。調理時會發出「喀噠、咕嘟」的聲響，就像是在跟你對話一樣，給人一種飼養寵物的感覺。也是一起在廚房工作的夥伴。自從用了電鍋後，似乎變得比之前還要積極的心態來下廚。

放置場所

為了讓切好的食材能馬上放入電鍋內並按下按鍵，我都會放在作業台上不收。雖然作業空間變得擁擠，但至少不用在廚房裡走來走去，在同個位置就能結束調理的動線。如果想要更大的作業空間，就把外鍋蓋反過來蓋在外鍋上，便能在上面再疊上調理碗或盤子等器具，並不會覺得電鍋很占位置。

用法

從早上做便當開始，每天都會用！我最常在要去採買、接送孩子去學校或是晾衣服摺衣服的時候，「同時調理」。與其說電鍋是我料理時的工具，不如說它比較像是助手的定位。外出採買食材、或是分切的處理作業結束後，剩下的就交給電鍋主廚來完成料理。此外，電鍋還能像堆積木般縱向堆疊，可同時調理多道料理，無比便利。思考「要同時做什麼料理？」時，還能一邊挑戰電鍋各式各樣的可能性，說它是烹調器具不如說它更像玩具。

還能這樣用！

微波爐不能直接加熱罐頭，但電鍋可以直接加熱鋁、不鏽鋼材質的容器。把罐頭的蓋子打開放在蒸盤上，可直接整罐加熱。

要調理水煮蛋（蒸蛋）和義大利麵，或是要加熱調理包時，用電鍋可省去煮沸熱水的時間，再也不用為了要使用大量熱水而產生罪惡感了。

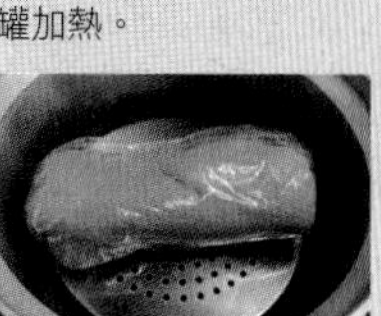

電鍋還能加熱蒸氣眼罩和熱毛巾，可活用於美容與健康方面！電鍋有保溫功能，在使用前可維持適當的溫度。把浸過水的毛巾用力擰乾後，放入耐熱密封袋內，放在蒸盤上，在外鍋內注入一些水再按下按鍵！

「電鍋好可愛」，孩子們願意幫忙料理的時間也變多了。電鍋的作業步驟很簡單，很容易教孩子操作！孩子們也能馬上記住操作方式。

Yukarin

電鍋資歷 1 年 7 個月

愛用電鍋

白色10人份。比起家電，它更像是我的料理搭檔，我每次都叫它「小電鍋」（笑）。我很喜歡它過於人性化很像人類的部分。

放置場所

為了能隨時方便使用，我都直接放在推車上。附贈品和濾網等工具就直接放在推車底下的收納籃。

用法

小電鍋便利的地方在於蒸、加熱等不同種類的料理都能一次調理好。也能像拼圖一樣，往上堆疊成好幾層。蒸煮料理用加水來製造水蒸氣，燉煮料理則是只加入調味料，不加水做出無水料理。還能做出果醬和梅子烏龍茶，就連竹筍殺菁也能請小電鍋來幫忙。

還能這樣用！

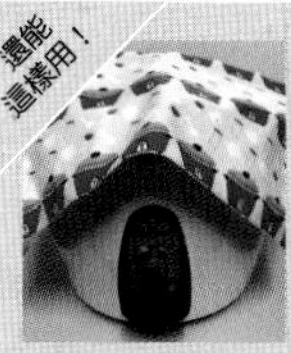

為了防止過多水蒸氣冒出，我自製了一條布蓋在外鍋蓋上，也可當作把手套使用。

我會直接在外鍋底部鋪上鋁箔紙，就能烤麵包和拌炒。非常方便。

任何需要蒸煮的料理，沒有其他家電能贏得過小電鍋！就連布丁都能做出滑順的口感。

可以活用小電鍋替要裝手工果醬的玻璃瓶消毒。還能用於隔水加熱。

會員人數約 6000 人！電鍋愛用者的 Facebook 粉絲社團

大同電鍋愛好會 in 日本

川口美惠　電鍋資歷 9 年

愛用電鍋

粉色、綠色、白色（以上皆為10人份）、紅色、黃櫱色（以上皆為6人份），共5台。只有粉色是臺灣規格的。大多是活潑有朝氣的顏色，整排看下來令人心情愉悅。

放置場所

不是擺在廚房，而是擺在客廳的層架上。偶而會直接放在層架上使用，但主要還是放在餐桌上使用。因為趁電鍋炊飯和做配菜的同時，我也會在廚房烹調不使用電鍋的料理，廚房的作業空間比較寬敞。電鍋內鍋按照大小順序重疊，蓋上內鍋蓋收納在層架上。其餘的內鍋蓋和蒸盤就只拿出較常使用的數量直立收納在旁，細小的工具則是統一收納在籃子內。

用法

每次煮飯、加熱麵包、蔬菜的事前處理和製作配菜，幾乎都交給電鍋處理。電鍋不像瓦斯爐烹調需要一直顧爐火，也跟壓力鍋不一樣，調理中不需開蓋確認料理的狀況，所以非常方便。可以同時調理又很便利，能一邊煮湯一邊蒸蔬菜和蛋，還能在蒸肉和魚的同時一起加熱醬汁，能盡量在一次加熱的過程中完成所有料理。電鍋還能蒸熱毛巾、保存瓶殺菌、做優格和麵包麵糰發酵，也能直接帶電鍋去朋友家的聚會！

還能這樣用！

只要活用電鍋的「蒸→煮」，不但省時還能少洗好幾個碗盤。最推薦的料理是高麗菜捲。把高麗菜葉一片片剝下來放入內鍋裡蒸軟，包入肉餡後便直接排列進內鍋裡，加入高湯加熱便完成了。在耐熱塑膠袋內加入番茄醬、中濃醬和黃芥末籽醬，放進電鍋內，便能同時做出醬汁。

電鍋還能當成加濕器。感覺空氣過度乾燥或想讓空氣變得更清新時，把在庭院摘下的香草和水倒入內鍋加熱，再關掉電鍋電源用餘溫便能長時間加濕。香氣會擴散至整個室內，使人心情放鬆。建議使用柳橙等柑橘類的皮，或是鳳梨皮來製作。

稻垣文　電鍋資歷 8 年

愛用電鍋

粉色10人份（臺灣規格）。是臺灣的朋友送我的禮物。已經變成我家不可或缺，煮飯時的好搭檔了。而且它真的好可愛，忍不住會一直盯著它瞧。

放置場所

我放在廚房窗戶下的窗檯上。建議放在就算冒出水蒸氣也不會起霧，隨時想用就能馬上用的固定位置。

用法

操作十分簡單，總之就是很方便。因為燉、蒸、炊都可以交給電鍋，讓我更能專心在需要拌炒和煎烤的料理。擺上蒸籠就能做出大量的蒸煮料理，在臺灣端午節的時候，我跟朋友就做了大量的粽子蒸來吃。電鍋彷彿在呼吸一樣，呼～呼～地吹出蒸氣的模樣可愛極了！

還能這樣用！

疊上蒸籠可以蒸食物，下層的內鍋則可以燉煮料理。

德永朋子

電鍋資歷 6 年

愛用電鍋

目前使用白色10人份（日本規格）和紅色3人份尺寸（臺灣規格）的電鍋。另外還收藏一台銀色的6人份（臺灣規格）電鍋。除了外觀可愛，我也很喜歡需要累積經驗值才能掌握外鍋加水的分量的懷舊感，以及不須靠技巧能自由運用的部分。

放置場所

我保管在廚房的層架上。只要有插座，哪裡都能使用，所以我很常在廚房和餐桌上使用。

用法

幾乎每一餐我都會用電鍋來煮飯。還可以復溫，能一口氣同時調理許多道菜，我也很常用電鍋來做常備菜。

こんな使い方も！

能堆疊起來同時調理湯品和數道小菜。

加熱大阪人愛吃的肉包，電鍋不可或缺！

傳遞臺灣道地魅力的網路媒體

Howto Taiwan

總編輯 田中伶　電鍋資歷 6 年

愛用電鍋

白色10人份。外鍋蓋的把手上有把手套。

放置場所

我放在廚房的開放式層架上。當作居家擺設也很可愛，所以我故意放著不收。

用法

我每天都用電鍋炊飯。燉煮料理等主菜或配菜也會使用電鍋。在孩子還小時，我也會用電鍋來做副食品。簡單、不拘小節、自由度很高，就是電鍋的優點。可以先在外鍋加1杯水加熱試試看，在料理完成前即使在途中按鍵跳起也無所謂，調理時間不夠只要再隨意加點水即可。可以不看說明書全憑感覺行事，跟個性不拘小節的我非常合拍。另外，只要用電鍋就會冒出水蒸氣，還能順便幫室內加濕，我在寒冷時期會很積極地使用電鍋。

還能這樣用！

市售的冷凍燒賣也可以跟蔬菜一起放進電鍋蒸熟享用。肉包放進電鍋裡蒸熟後，口感十分軟綿。

也可活用於在宅工作時，加熱冷凍白飯和配菜等一人份午餐。

台灣廣廈 國際出版集團
Taiwan Mansion International Group

國家圖書館出版品預行編目（CIP）資料

當台灣電鍋遇上日本料理家：顛覆對傳統電鍋的想像！從主食、小菜到甜點的創意美味，全部一鍵搞定！ /山田英季作.
-- 初版. -- 新北市：臺灣廣廈有聲圖書有限公司, 2024.02
面； 公分
ISBN 978-986-130-609-4(平裝)

1.CST: 食譜

427.1 112021166

當台灣電鍋遇上日本料理家

顛覆對傳統電鍋的想像！從主食、小菜到甜點的創意美味，全部一鍵搞定！

作　　者／山田英季
翻　　譯／李亞妮
攝　　影／田尻陽子

編輯中心編輯長／張秀環
編輯／陳宜鈴
封面設計／林珈伃・內頁排版／菩薩蠻數位文化有限公司
製版・印刷・裝訂／皇甫・秉成

行企研發中心總監／陳冠蒨
媒體公關組／陳柔彣
綜合業務組／何欣穎

線上學習中心總監／陳冠蒨
數位營運組／顏佑婷
企製開發組／江季珊、張哲剛

發 行 人／江媛珍
法 律 顧 問／第一國際法律事務所 余淑杏律師・北辰著作權事務所 蕭雄淋律師
出　　版／台灣廣廈
發　　行／台灣廣廈有聲圖書有限公司
地址：新北市235中和區中山路二段359巷7號2樓
電話：（886）2-2225-5777・傳真：（886）2-2225-8052

代理印務・全球總經銷／知遠文化事業有限公司
地址：新北市222深坑區北深路三段155巷25號5樓
電話：（886）2-2664-8800・傳真：（886）2-2664-8801
郵 政 劃 撥／劃撥帳號：18836722
劃撥戶名：知遠文化事業有限公司（※單次購書金額未達1000元，請另付70元郵資。）

■出版日期：2024年02月
ISBN：978-986-130-609-4